JN092573

無線従事者養成課程用

標 準 教 科 書

航空特殊無線技士

法　　規

一般財団法人　**情報通信振興会**　発　行

は　じ　め　に

　本書は、電波法第41条第2項の規定に基づく無線従事者規則第21条第1項第10号の規定により告示された無線従事者養成課程用の標準教科書です。

1　本書は、航空特殊無線技士用「法規」の教科書であって、総務省が定める無線従事者養成課程の実施要項に基づく授業科目、授業内容及び授業の程度により編集したものです。（平成5年郵政省告示第553号、最終改正平成30年7月25日）

2　本書には、巻末に資料として、用語の定義、無線従事者免許申請書や無線局免許状等の様式その他本文を補完する事項を収録し、履修上の理解を深める一助としてあります。

凡　　例

この教科書の中では、電波関係法令の名称を次のように略記してあります。

電波法 ………………………………………………… （法）

電波法施行令 ………………………………………… （施行令）

電波法関係手数料令 ………………………………… （手数料令）

電波法施行規則 ……………………………………… （施行）

無線局免許手続規則 ………………………………… （免許）

無線設備規則 ………………………………………… （設備）

無線局運用規則 ……………………………………… （運用）

無線従事者規則 ……………………………………… （従事者）

無線機器型式検定規則 ……………………………… （型検）

特定無線設備の技術基準適合証明等に関する規則 ····· （証明）

登録検査等事業者等規則 …………………………… （登録検査）

測定器等の較正に関する規則 ……………………… （較正）

目　　次

第4章　無線従事者

第 1 章　電波法の目的

1-1　電波法の目的

　電波法の目的は、「電波の公平かつ能率的な利用を確保することによって、公共の福祉を増進する。(法 1 条)」ことである。

　今日、電波は、産業、経済、文化をはじめ社会のあらゆる分野に広く利用され、その利用分野は、陸上、海上、航空、宇宙へと広がり、またその需要は、多岐にわたっている。しかし、使用できる電波には限りがあり、また、電波は空間を共通の伝搬路としているので、無秩序に使用すれば相互に混信するおそれがある。

　したがって、電波法は、無線局の免許を所定の規準によって適正に行うとともに、無線設備の性能（技術基準）やこれを操作する者（無線従事者）の知識、技能について基準を定め、また、無線局を運用するに当たっての原則や手続を定めて電波の公平かつ能率的な利用を確保することによって公共の福祉を増進することを目的としているものである。

　電波の公平な利用とは、利用する者の社会的な地位、法人や団体の性格、規模等を問わず、すべて平等の立場で電波を利用するという趣旨であり、必ずしも早い者勝ちを意味するものではなく、社会公共の利益や利便に適合することが前提となる。また、電波の能率的な利用とは、電波を最も効果的に利用することを意味しており、これも社会全体の必要性からみて効果的であるということが前提となるものである。

1-2　電波法令の概要

　電波法令は、電波を利用する社会において、その秩序を維持するための規範であって、上記のように電波利用の基本ルールを定めているのが電波法で

ある。電波の利用方法には様々な形態があり、その規律すべき事項が技術的事項を含め細部の事項にわたることが多いので、電波法においては基本的事項が規定され、細目的事項は政令（内閣が制定する命令）や総務省令（総務大臣が制定する命令）で定められている。これらの法律、政令及び省令を合わせて電波法令と呼んでいる。

なお、法律、政令及び省令は、実務的、細目的な事項を更に「告示」に委ねている。

航空特殊無線技士の資格に関係のある電波法令の名称と主な規定事項の概要は、次のとおりである。（　　）内は本書における略称である。

1　電波法（法）

電波の利用に関する基本法であり、無線局の免許制度、無線設備の技術基準、無線従事者制度、無線局の運用、業務書類、監督、罰則等について基本的事項を規定している。

2　政令

(1)　電波法施行令（施行令）

無線従事者が操作を行うことができる無線設備の操作範囲（主任無線従事者が行うことができる無線設備の操作の監督の範囲を含む。）等を規定している。

(2)　電波法関係手数料令（手数料令）

無線局の免許申請及び検査並びに無線従事者の国家試験申請及び免許申請の手数料の額及び納付方法を規定している。

3　省令

(1)　電波法施行規則（施行）

電波法を施行するために必要な事項及び電波法がその規定を省令に委任した事項のうち、他の省令に入らない事項、2以上の省令に共通して適用される事項等を規定している。

(2)　無線局免許手続規則（免許）

無線局の免許、再免許、変更、廃止等の手続等を規定している。

(3)　無線局（基幹放送局を除く。）の開設の根本的基準（無線局根本基準）

　　　無線局（基幹放送局を除く。）の免許に関する基本的方針を規定している。

(4)　特定無線局の開設の根本的基準（特定無線局根本基準）

　　　包括免許に係る特定無線局の免許に関する基本的方針を規定している。

(5)　無線従事者規則（従事者）

　　　無線従事者国家試験、養成課程、無線従事者の免許、主任無線従事者講習、指定講習機関、指定試験機関等に関する事項を規定している。

(6)　無線局運用規則（運用）

　　　無線局を運用する場合の原則、通信方法等を規定している。

(7)　無線設備規則（設備）

　　　電波の質等及び無線設備の技術的条件を規定している。

(8)　無線機器型式検定規則（型検）

　　　型式検定を要する無線設備の機器の型式検定の合格の条件、申請手続等を規定している。

(9)　特定無線設備の技術基準適合証明等に関する規則（証明）

　　　技術基準適合証明の対象となる特定無線設備の種別、適合証明及び工事設計の認証に関する審査のための技術条件、登録証明機関、承認証明機関等に関する事項を規定している。

　　(注)　特定無線設備：小規模な無線局に使用するための無線設備であって、本規則で定めるもの。

(10)　登録検査等事業者等規則（登録検査）

　　　登録検査等事業者及び登録外国点検事業者の登録手続並びに登録に係る無線設備等の検査、点検の実施方法等を規定している。

(11)　測定器等の較正に関する規則（較正）

　　　無線設備の点検に用いる測定器等の較正に関する手続等を規定している。

1-3 用語の定義

電波法令の解釈を正確にするために、電波法では、基本的用語について、次のとおり定義している（法2条）。

① 「電波」とは、300万メガヘルツ以下の周波数の電磁波をいう。

② 「無線電信」とは、電波を利用して、符号を送り、又は受けるための通信設備をいう。

③ 「無線電話」とは、電波を利用して、音声その他の音響を送り、又は受けるための通信設備をいう。

④ 「無線設備」とは、無線電信、無線電話その他電波を送り、又は受けるための電気的設備をいう。

⑤ 「無線局」とは、無線設備及び無線設備の操作を行う者の総体をいう。ただし、受信のみを目的とするものを含まない。

⑥ 「無線従事者」とは、無線設備の操作又はその監督を行う者であって、総務大臣の免許を受けたものをいう。

上記の①から⑥までのほか、電波法の条文においても、その条文中の用語について定義している。また、関係政省令においても、その政省令において使用する用語について定義している。

航空特殊無線技士の資格に関係するものは、資料1のとおりである。

1-4　総務大臣の権限の委任

1　電波法に規定する総務大臣の権限は、総務省令で定めるところにより、その一部が総合通信局長（沖縄総合通信事務所長を含む。以下同じ。）に委任されている（法104条の3、施行51条の15）。

　　例えば、次の権限は、所轄総合通信局長（注）に委任されている。

(1)　固定局、陸上局（海岸局、航空局、基地局等）、移動局（船舶局、航空機局、陸上移動局等）等に免許を与え、免許内容の変更等を許可すること。

(2)　無線局の定期検査及び臨時検査を実施すること。

(3)　無線従事者のうち特殊無線技士（9資格）並びに第三級及び第四級アマチュア無線技士の免許を与えること。

2　電波法令の規定により総務大臣に提出する書類は、所轄総合通信局長を経由して総務大臣に提出するものとし、電波法令の規定により総合通信局長に提出する書類は、所轄総合通信局長に提出するものとされている（施行52条）。

(注) 所轄総合通信局長とは、申請者の住所、無線設備の設置場所、無線局の常置場所、送信所の所在地等の場所を管轄する総合通信局長である（資料2参照）。

第2章　無線局の免許

　無線局を自由に開設することは許されていない。すなわち、有限で希少な電波の使用を各人の自由意思に任せると、電波の利用社会に混乱が生じ、電波の公平かつ能率的な利用は確保できない。このため電波法は、まず無線局の開設について規律している。この原則となるものは、無線局を開設しようとする者は、総務大臣の免許を受けなければならない（法4条）こと、また免許を受けた後においてもその免許内容のうち重要な事項を変更しようとするときは、あらかじめ総務大臣の許可を受けなければならない（法17条）こと等である。

　無線局の免許に関する規定は、直接的には免許人を拘束するものであるが、無線従事者は、電波利用の重要部門に携わって無線局を適切に管理し運用する使命を有するとともに、免許人に代わって必要な免許手続等を行う場合が多いので、これらの規定をよく理解しておくことが必要である。

2-1　無線局の開設

2-1-1　免許制度

　無線局を開設しようとする者は、総務大臣の免許を受けなければならない。ただし、発射する電波が著しく微弱な無線局又は一定の条件に適合した無線設備を使用するもので、目的、利用等が特定された小電力の無線局及び登録局については、免許を要しないこととなっている（法4条）。

　無線局を開設するためには、このあと述べるように種々の手続が必要である。この手続及び事務処理の流れをわかりやすくするため図示すると、次ページの流れ図のようになる。

　（注）　電波法を国の機関に適用する場合においては、「免許」（又は「許可」）とあるのは、「承認」と読み替える（法104条2項）。

メモ

〈無線局の免許申請から運用開始まで〉

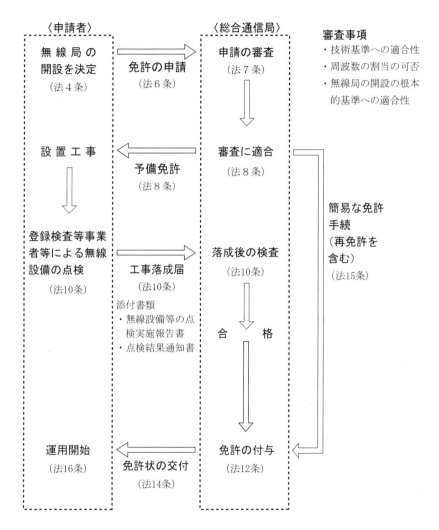

〔参考〕　免許を要しない無線局

　1　電波法第4条ただし書によるもの

⑴　発射する電波が著しく微弱な無線局で総務省令（施行6条1項）で定める次のもの

ア　当該無線局の無線設備から3メートルの距離において、その電界強度が、周波数帯の区分ごとに規定する値以下であるもの

イ　当該無線局の無線設備から500メートルの距離において、その電界強度が毎メートル200マイクロボルト以下のものであって、総務大臣が用途並びに電波の型式及び周波数を定めて告示するもの

ウ　標準電界発生器、ヘテロダイン周波数計その他の測定用小型発振器

⑵　26.9メガヘルツから27.2メガヘルツまでの周波数の電波を使用し、かつ、空中線電力が0.5ワット以下である無線局のうち総務省令（施行6条3項）で定めるものであって、電波法の規定により表示が付されている無線設備（「適合表示無線設備」という。）のみを使用するもの（市民ラジオの無線局）

⑶　空中線電力が1ワット以下である無線局のうち総務省令（施行6条4項）で定めるものであって、電波法第4条の3の規定により指定された呼出符号又は呼出名称を自動的に送信し、又は受信する機能その他総務省令で定める機能を有することにより他の無線局にその運用を阻害するような混信その他の妨害を与えないように運用することができるもので、かつ、適合表示無線設備のみを使用するもの

　　具体例を挙げれば、コードレス電話の無線局、特定小電力無線局、小電力セキュリティシステムの無線局、小電力データ通信システムの無線局、デジタルコードレス電話の無線局、PHSの陸上移動局、狭域通信システムの陸上移動局、5GHz帯無線アクセスシステムの陸上移動局又は携帯局及び超広帯域無線システムの無線局などがある。

　　なお、特定小電力無線局（テレメーター、テレコントロール、データ伝送、医療用テレメーター、無線呼出し、ラジオマイク、移動体識別、ミリ波レーダー等）については、告示により用途、電波の型式及び周波数並びに空中線電力が定められている。

⑷　総務大臣の登録を受けて開設する無線局（登録局）

2　電波法第4条の2によるもの

(1)　本邦に入国する者が自ら持ち込む無線設備（例：Wi-Fi端末等）が電波法第3章に定める技術基準に相当する技術基準として総務大臣が告示で指定する技術基準に適合する等の条件を満たす場合は、当該無線設備を適合表示無線設備とみなし、入国の日から90日以内は無線局の免許を要しない（要旨）。

(2)　電波法第3章に定める技術基準に相当する技術基準として総務大臣が指定する技術基準に適合している無線設備を使用して実験等無線局（科学又は技術の発達のための実験、電波の利用の効率性に関する試験又は電波の利用の需要に関する調査に専用する無線局をいう。）（1の(3)の総務省令で定める無線局のうち、用途、周波数その他の条件を勘案して総務省令で定めるものに限る。）を開設しようとする者は、所定の事項を総務大臣に届け出ることができる。

　この届出があったときは、当該実験等無線局に使用される無線設備は、適合表示無線設備でない場合であっても、当該届出の日から180日を超えない日又は当該実験等無線局を廃止した日のいずれか早い日までの間に限り、適合表示無線設備とみなし、無線局の免許を要しない（要旨）。

〔参考〕　適合表示無線設備に付されているマークは、次のとおりである（証明様式7号、14号）。

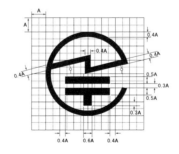

（注）　マークの大きさは、表示を容易に識別することができるものであること。

2-1-2　欠格事由

1　無線局の免許が与えられない者

次のいずれかに該当する者には、無線局の免許を与えない（法5条1項）。

(1)　日本の国籍を有しない人

(2)　外国政府又はその代表者

(3)　外国の法人又は団体

(4)　法人又は団体であって、(1)から(3)までに掲げる者がその代表者であるもの又はこれらの者がその役員の3分の1以上若しくは議決権の3分の1以上を占めるもの

しかし、実験等無線局、アマチュア無線局、船舶（船舶安全法第29条の7に規定するもの）や航空機（航空法第127条ただし書に規定するもの）に開設する無線局等は、例外として(1)から(4)までに掲げる者に対しても免許が与えられる（法5条2項抜粋）。

2　無線局の免許が与えられないことがある者

次のいずれかに該当する者には、無線局の免許を与えないことができる（法5条3項抜粋）。

(1)　電波法又は放送法に規定する罪を犯し罰金以上の刑に処せられ、その執行を終わり、又はその執行を受けることがなくなった日から2年を経過しない者

(2)　無線局の免許の取消しを受け、その取消しの日から2年を経過しない者

2-1-3　申請及びその審査

1　免許の申請

(1)　無線局の免許を受けようとする者は、無線局免許申請書に、次に掲げる事項を記載した書類（無線局事項書、工事設計書）を添えて、総務大臣に提出しなければならない（法6条1項抜粋）。

ア　目的（二以上の目的を有する無線局であって、その目的に主たるも

のと従たるものの区別がある場合にあっては、その主従の区別を含
む。）
イ　開設を必要とする理由
ウ　通信の相手方及び通信事項
エ　無線設備の設置場所（航空機の無線局（人工衛星局の中継によって
のみ無線通信を行うものを除く。(2)において同じ。）及び航空機地球
局（航空機に開設する無線局であって、人工衛星局の中継によっての
み無線通信を行うもの（実験等無線局及びアマチュア無線局を除く。）
をいう。）の場合は、航空機名（登録記号）を記載する。）
オ　電波の型式並びに希望する周波数の範囲及び空中線電力
カ　希望する運用許容時間（運用することができる時間をいう。）
キ　無線設備の工事設計及び工事落成の予定期日
ク　運用開始の予定期日
(2)　航空機局（航空機の無線局のうち、無線設備がレーダーのみのもの以
外のものをいう。）の免許を受けようとする者は、(1)の書類に、(1)に掲
げる事項のほか、その航空機に関する次に掲げる事項を併せて記載しな
ければならない（法6条5項）。
ア　所有者
イ　用途
ウ　型式
エ　航行区域
オ　定置場
カ　登録記号
キ　航空法第60条の規定により無線設備を設置しなければならない航空
機であるときは、その旨
(3)　航空機地球局（電気通信業務を行うことを目的とするものを除く。）
の免許を受けようとする者は、(1)の書類に、(1)に掲げる事項のほか、そ
の航空機に関する(2)のアからカまでに掲げる事項を併せて記載しなけれ

ばならない（法6条6項）。

(4) 船舶局、遭難自動通報局（携帯用位置指示無線標識のみを設置するものを除く。）、航空機局、航空機地球局（電気通信業務を行うことを目的とするものを除く。）又は無線航行移動局の免許の申請をする場合において、申請者とその無線局の無線設備の設置場所となる船舶又は航空機の所有者が異なるときは、申請者がその船舶又は航空機を運行する者である事実を証する書面を申請書に添えて提出しなければならない（免許5条1項）。

(5) 免許申請書には、免許申請手数料として電波法関係手数料令で定める額に相当する収入印紙を貼って納めなければならない（法103条、手数料令2条、22条）。

2　申請の審査

　総務大臣は、免許の申請書を受理したときは、遅滞なくその申請が次の各号のいずれにも適合しているかどうかを審査しなければならない（法7条1項）。

(1) 工事設計が電波法第3章に定める技術基準に適合すること。

(2) 周波数の割当てが可能であること。

(3) 主たる目的及び従たる目的を有する無線局にあっては、その従たる目的の遂行がその主たる目的の遂行に支障を及ぼすおそれがないこと。

(4) (1)から(3)までのほか、総務省令で定める無線局（基幹放送局を除く。）の開設の根本的基準に合致すること。

　この場合、総務大臣は、申請の審査に際し、必要があると認めるときは、申請者に出頭又は資料の提出を求めることができる（法7条6項）。

2-1-4　予備免許

1　予備免許の付与

　総務大臣は、2-1-3の2により審査した結果、その申請が各審査事項に適合していると認めるときは、申請者に対し、次に掲げる事項（これらの

事項を「指定事項」という。）を指定して無線局の予備免許を与える（法
8 条 1 項)。

(1)　工事落成の期限

(2)　電波の型式及び周波数

(3)　呼出符号（標識符号を含む。)、呼出名称その他の総務省令で定める識
　　別信号（以下「識別信号」という。)

(4)　空中線電力

(5)　運用許容時間

2　予備免許中の変更

　予備免許を受けた者が、予備免許に係る事項を変更しようとする場合の
手続は、次のように規定されている。

(1)　工事落成期限の延長

　　総務大臣は、予備免許を受けた者から申請があった場合において、相
　当と認めるときは、工事落成の期限を延長することができる（法 8 条 2
　項)。

(2)　工事設計の変更

　　予備免許を受けた者は、工事設計を変更しようとするときは、あらか
　じめ総務大臣の許可を受けなければならない。ただし、総務省令で定め
　る工事設計の軽微な事項（施行10条 1 項、別表 1 号の 3 ）については、こ
　の限りでない（法 9 条 1 項)。

　　ただし書の工事設計の軽微な事項について変更したときは、遅滞なく
　その旨を総務大臣に届け出なければならない（法 9 条 2 項)。

　　なお、この工事設計の変更は、周波数、電波の型式又は空中線電力に
　変更を来すものであってはならず、かつ、電波法に定める技術基準に合
　致するものでなければならない（法 9 条 3 項)。

　　(注)　周波数、電波の型式又は空中線電力に変更を来す場合は、(4)の指定事
　　　項の変更が必要である。

(3)　通信の相手方等の変更

　予備免許を受けた者は、無線局の目的、通信の相手方、通信事項、放送事項、放送区域、無線設備の設置場所又は基幹放送の業務に用いられる電気通信設備を変更しようとするときは、あらかじめ総務大臣の許可を受けなければならない。ただし、次に掲げる事項を内容とする無線局の目的の変更は、これを行うことができない（法9条4項）。

ア　基幹放送局以外の無線局が基幹放送をすることとすること。

イ　基幹放送局が基幹放送をしないこととすること。

(4)　指定事項の変更

　総務大臣は、予備免許を受けた者が識別信号、電波の型式、周波数、空中線電力又は運用許容時間の指定の変更を申請した場合において、混信の除去その他特に必要があると認めるときは、その指定を変更することができる（法19条）。

（注）　電波の型式、周波数又は空中線電力の指定の変更を受けた場合には、(2)に示すところに従って、更に工事設計の変更の手続が必要である。

2-1-5　落成後の検査

1　予備免許を受けた者は、工事が落成したときは、その旨を総務大臣に届け出て（工事落成の届出書の提出）、その無線設備、無線従事者の資格（主任無線従事者の要件を含む。）及び員数並びに時計及び書類（これらを総称して「無線設備等」という。）について検査を受けなければならない（法10条1項）。この検査を「落成後の検査」という。

2　落成後の検査を受けようとする者が、当該検査を受けようとする無線設備等について総務大臣の登録を受けた者（登録検査等事業者又は登録外国点検事業者）が総務省令で定めるところにより行った点検の結果を記載した書類（無線設備等の点検実施報告書（資料3参照）に点検結果通知書が添付されたもの（注））を添えて工事落成の届出書を提出した場合においては、検査の一部が省略される（法10条2項、施行41条の6、免許13条）。

（注）　検査の一部が省略されるためには適正なものであって、かつ、点検を実

施した日から起算して 3 箇月以内に提出されたものでなければならない（施行41条の 6 ）。

3　工事落成の届出書には、電波法関係手数料令で定める額に相当する収入印紙を貼って、検査手数料を納めなければならない（法103条、手数料令 3 条、22条）。

4　検査の結果は、無線局検査結果通知書（資料16参照）により通知される（施行39条 1 項）。

〔参考〕　登録検査等事業者制度

　　登録検査等事業者制度には、次の二つがある。

1　検査の一部省略に係るもの

　　登録検査等事業者又は登録外国点検事業者が行った無線局（人の生命又は身体の安全の確保のためその適正な運用の確保が必要な無線局として総務省令で定めるもの（資料21参照）のうち、国が開設するものを除く。）の無線設備等の点検の結果を活用することによって、落成後の検査、変更検査又は定期検査の一部を省略することとする制度である（法10条 2 項、18条 2 項、73条 4 項、施行41条の 6 、登録検査19条）。

2　検査の省略に係るもの

　　登録検査等事業者が無線局（人の生命又は身体の安全の確保のためその適正な運用の確保が必要な無線局として総務省令で定めるもの（資料21参照）を除く。）の無線設備等の検査を行い、免許人から当該無線局の検査結果が電波法令の規定に違反していない旨を記載した書類の提出があったときは、定期検査を省略することとする制度である（法73条 3 項、施行41条の 5 、登録検査15条）。

　　なお、登録検査等事業者等が検査又は点検を行う無線設備等に係る無線局の種別等については、当該登録検査等事業者等の業務実施方法書に記載するとともに、当該実施方法書に従って適切に検査又は点検を行うこととされている（登録検査 2 条、16条、19条）。

　　また、登録検査等事業者等は、総務大臣が備える登録検査等事業者登録簿

又は登録外国点検事業者登録簿に登録され、登録証を有している（法24条の3、法24条の4、24条の13・2項）。

2-1-6　免許の付与又は拒否
1　免許の付与

(1)　総務大臣は、落成後の検査を行った結果、その無線設備が工事設計（変更があったときは、変更後のもの）に合致し、無線従事者の資格及び員数並びに時計及び書類がそれぞれ電波法令の規定に違反しないと認めるときは、遅滞なく申請者に対し免許を与えなければならない（法12条）。

　　総務大臣は、免許を与えたときは、免許状（資料4参照）を交付する（法14条1項）。

(2)　適合表示無線設備のみを使用する無線局その他総務省令で定める無線局の免許については、総務省令で定める簡易な手続によることができることとされている（法15条）。次に掲げる無線局については、免許の申請を審査した結果、審査事項に適合しているときは、免許手続の簡略（予備免許から落成後の検査までの手続が省略される。これを「簡易な免許手続」という。）が適用されて免許が与えられる（免許15条の4、15条の5、15条の6）。

　　ア　適合表示無線設備のみを使用する無線局（宇宙無線通信を行う実験試験局を除く。）

　　イ　無線機器型式検定規則による型式検定に合格した無線設備の機器を使用する遭難自動通報局その他総務大臣が告示する無線局

　　ウ　特定実験試験局

(注)　無線局を開設する場合における免許の申請から免許の付与までの一般的な手続、順序の概略は、次のとおりである。

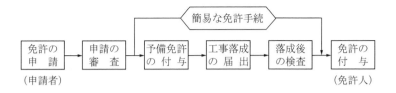

2　免許の拒否

　　指定された工事落成の期限（工事落成期限の延長が認められたときは、その期限）経過後2週間以内に工事落成の届出がないときは、総務大臣は、その無線局の免許を拒否しなければならない（法11条）。

2-2　免許の有効期間

2-2-1　免許の有効期間

　　免許の有効期間は、電波が有限な資源であり、電波の利用に関する国際条約の改正や無線技術の進展、電波利用の増大等に対応して、電波の公平かつ能率的な利用を確保するため、一定期間ごとに周波数割当ての見直し等を行うため設けられたものである。

1　免許の有効期間は、免許の日から起算して5年を超えない範囲内において総務省令で定める。ただし、再免許を妨げない（法13条1項）。

2　1の規定にかかわらず、義務船舶局及び義務航空機局（注）の免許の有効期間は、無期限である（法13条2項）。

3　次の無線局以外の無線局については、免許の有効期間は、5年と定めている（施行7条）。

　(1)　地上基幹放送局（臨時目的放送を専ら行うものに限る。）

　　　　　　　　　　　　：当該放送の目的を達成するために必要な期間

　(2)　地上基幹放送試験局：2年

　(3)　衛星基幹放送局（臨時目的放送を専ら行うものに限る。）

　　　　　　　　　　　　：当該放送の目的を達成するために必要な期間

⑷　衛星基幹放送試験局：2年

⑸　特定実験試験局　　：当該周波数の使用が可能な期間

⑹　実用化試験局　　　：2年

したがって、次の航空移動業務及び航空移動衛星業務の無線局の免許の有効期間は、5年である。

　ア　義務航空機局以外の航空機局、航空機地球局

　イ　航空局、航空地球局

（注）「義務航空機局」とは、航空法第60条（資料23参照）の規定により、無線設備を設置しなければならない航空機の航空機局をいう（法13条2項）。

2-2-2　再免許

無線局の免許には、義務航空機局及び義務船舶局（これらの無線局の免許の有効期間は、無期限である。）を除いて免許の有効期間が定められており、その免許の効力は、有効期間が満了すると同時に失効することになる。このため、免許の有効期間満了後も継続して無線局を開設するためには、再免許の手続を行い新たな免許を受ける必要がある。

再免許とは、無線局の免許の有効期間の満了と同時に、旧免許内容を存続し、そのまま新免許に移しかえるという新たに形成する処分（免許）である。

1　再免許の申請

⑴　再免許の申請は、アマチュア局、特定実験試験局である場合を除き、免許の有効期間満了前3箇月以上6箇月を超えない期間において行わなければならない。ただし、免許の有効期間が1年以内である無線局については、その有効期間満了前1箇月までに行うことができる（免許18条1項）。

⑵　⑴の規定にかかわらず、再免許の申請が総務大臣が別に告示する無線局（航空機局、構内無線局等）に関するものであって、その申請を電子申請等により行う場合にあっては、免許の有効期間満了前1箇月以上6箇月を超えない期間に行うことができる（免許18条2項）。

(3)　(1)及び(2)の規定にかかわらず、免許の有効期間満了前 1 箇月以内に免
　　許を与えられた無線局については、免許を受けた後直ちに再免許の申請
　　を行わなければならない（免許18条 3 項）。

2　簡易な免許手続

　　再免許は、無線局の諸元も変わらず（周波数の指定の変更を行う等の例
　外がある。）、免許の継続と考えられるものであるから、その申請手続は、
　簡易なものとなっている（法15条、免許15条から20条）。

3　再免許の申請の審査及び免許の付与

　　総務大臣又は総合通信局長は、電波法第 7 条（申請の審査）の規定によ
　り再免許の申請を審査した結果、その申請が審査事項に適合していると認
　めるときは、申請者に対し、次に掲げる事項を指定して、無線局の免許を
　与える（免許19条）。

(1)　電波の型式及び周波数

(2)　識別信号

(3)　空中線電力

(4)　運用許容時間

2-3　免許状記載事項及びその変更等

2-3-1　免許状記載事項

免許状には、次に掲げる事項が記載される（法14条 2 項、資料 4 参照）。

①　免許の年月日及び免許の番号

②　免許人（無線局の免許を受けた者をいう。）の氏名又は名称及び住所

③　無線局の種別

④　無線局の目的（ 2 以上の目的を有する無線局であって、その目的に主
　　たるものと従たるものがある場合にあっては、その主従の区別を含む。）

⑤　通信の相手方及び通信事項

⑥　無線設備の設置場所

⑦　免許の有効期間

⑧　識別信号

⑨　電波の型式及び周波数

⑩　空中線電力

⑪　運用許容時間

2-3-2　指定事項又は無線設備の設置場所の変更等

1　指定事項の変更

　総務大臣は、免許人が次に掲げる事項について、指定の変更を申請した場合において、混信の除去その他特に必要があると認めるときは、その指定を変更することができる（法19条）。

(1)　識別信号（呼出名称等）

(2)　電波の型式

(3)　周波数

(4)　空中線電力

(5)　運用許容時間

　なお、電波の型式、周波数又は空中線電力の指定の変更は、電波法第17条の無線設備の変更の工事を伴うので、無線設備の変更の工事の手続が必要である。

〔参考〕　上記のように免許人の申請によって指定の変更を行うほか、総務大臣は、電波の規整その他公益上必要があるときは、その無線局の目的の遂行に支障を及ぼさない範囲内に限り、無線局の周波数又は空中線電力の指定の変更を命ずることができる（法71条1項）。

2　無線設備の設置場所等の変更

(1)　免許人は、免許状に記載された次の事項を変更し、若しくは基幹放送の業務に用いられる電気通信設備を変更し、又は無線設備の変更の工事をしようとするときは、あらかじめ総務大臣の許可を受けなければならない。ただし、(2)に掲げる事項を内容とする無線局の目的の変更は、こ

れを行うことができない（法17条1項）。

　ア　無線局の目的　　イ　通信の相手方　　ウ　通信事項

　エ　放送事項　　　　オ　放送区域　　　　カ　無線設備の設置場所

(2)　目的の変更を行うことができない事項

　ア　基幹放送局以外の無線局が基幹放送を行うこととすること。

　イ　基幹放送局が基幹放送をしないこととすること。

(3)　基幹放送の業務に用いられる電気通信設備の変更又は無線設備の変更
の工事が総務省令で定める軽微な変更（軽微な事項）に該当するときは、
あらかじめ許可を受けなくともよいが、変更又は変更の工事をした後、
遅滞なくその旨を総務大臣に届け出なければならない（法17条2項、3項、
9条2項）。

(4)　無線設備の変更の工事は、周波数、電波の型式又は空中線電力に変更
を来すものであってはならず、かつ、電波法に定める技術基準に合致す
るものでなければならない（法17条3項、9条3項）。

2-3-3　変更検査

1　無線設備の設置場所の変更又は無線設備の変更の工事の許可を受けた免
許人は、総務大臣の検査（「変更検査」という。）を受け、その変更又は工
事の結果が許可の内容に適合していると認められた後でなければ、許可に
係る無線設備を運用してはならない。ただし、総務省令（施行10条の4、
別表2号）で定める場合は、変更検査を受けることを要しない（法18条1項）。

2　変更検査を受けようとする者が、当該検査を受けようとする無線設備に
ついて登録検査等事業者又は登録外国点検事業者が、総務省令で定めると
ころにより行った点検の結果を記載した書類（無線設備等の点検実施報告
書（資料3参照）に点検結果通知書が添付されたもの（注））を無線設備の
設置場所変更又は変更工事完了の届出書に添えて提出した場合は、検査の
一部が省略される（法18条2項、施行41条の6、免許25条）。

（注）検査の一部が省略されるためには、適正なものであって、かつ、点検を実

施した日から起算して 3 箇月以内に提出されたものでなければならない（施行41条の 6 ）。

3　変更検査の場合も、届出書に電波法関係手数料令で定める額に相当する収入印紙を貼って、検査手数料を納めなければならない（法103条、手数料令 4 条、22条）。

4　検査の結果は、無線局検査結果通知書（資料16参照）により通知される（施行39条 1 項）。

2-4　無線局の廃止

2-4-1　廃止届

1　免許人は、その無線局を廃止するときは、その旨を総務大臣に届け出なければならない（法22条）。

2　無線局の廃止の届出は、その無線局を廃止する前に、次に掲げる事項を記載した届出書を総務大臣又は総合通信局長に提出して行う（免許24条の 3 ）。

(1)　免許人の氏名又は名称及び住所並びに法人にあっては、その代表者の氏名

(2)　無線局の種別及び局数

(3)　識別信号（包括免許に係る特定無線局を除く。）

(4)　免許の番号又は包括免許の番号

(5)　廃止する年月日

2-4-2　電波の発射の防止及び免許状の返納

1　免許人が無線局を廃止したときは、免許は、その効力を失う（法23条）。

2　免許がその効力を失ったときは、免許人であった者は、次の措置をとらなければならない。

(1)　1箇月以内に免許状を返納すること（法24条）。

(2)　遅滞なく、空中線の撤去その他の総務省令で定める電波の発射を防止するために必要な措置をとること（法78条）。

(3)　(2)の総務省令で定める電波を発射することを防止するために必要な措置は、次表のとおりである（施行42条の３）。

無　線　設　備	必　要　な　措　置
1　携帯用位置指示無線標識、衛星非常用位置指示無線標識、捜索救助用レーダートランスポンダ、捜索救助用位置指示送信装置、無線設備規則第45条の３の５に規定する無線設備（航海情報記録装置又は簡易型航海情報記録装置を備える衛星位置指示無線標識）、航空機用救命無線機及び航空機用携帯無線機	電池を取り外すこと。
2　固定局、基幹放送局及び地上一般放送局の無線設備	空中線を撤去すること（空中線を撤去することが困難な場合にあっては、送信機、給電線又は電源設備を撤去すること。）。
3　人工衛星局その他の宇宙局（宇宙物体に開設する実験試験局を含む。）の無線設備	当該無線設備に対する遠隔指令の送信ができないよう措置を講ずること。
4　特定無線局（電波法第27条の２第１号に掲げる無線局に係るものに限る。）の無線設備	空中線を撤去すること又は当該特定無線局の通信の相手方である無線局の無線設備から当該通信に係る空中線若しくは変調部を撤去すること。
5　電波法第４条の２第２項の届出に係る無線設備	無線設備を回収し、かつ、当該無線設備が電波法第４条の規定に違反して開設されることのないよう管理すること。
6　その他の無線設備	空中線を撤去すること。

第3章　無線設備

　無線設備は、電波を送り又は受けるための電気的設備であるが、これを電波の送信・受信の機能によって分類すれば次のようになる。

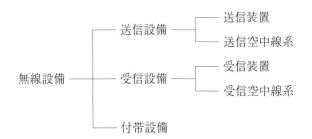

　無線局の無線設備の良否は、電波の能率的な利用に大きな影響を及ぼすものである。そこで、電波法は、

(1)　無線設備から発射される電波の質

(2)　無線設備の機能及びその機能の維持

について、それぞれの無線通信業務に即した技術基準を定めて電波の能率的な利用を図ることとしている。

　無線局の無線設備は、常に電波法令に定める技術基準に適合していなければならないので、無線従事者は、無線設備の適切な保守管理を行うことによって、その機能の維持を図ることが必要である。

3-1　電波の質

　電波法では、「送信設備に使用する電波の周波数の偏差及び幅、高調波の強度等電波の質は、総務省令（設備5条から7条）で定めるものに適合するものでなければならない。」と規定している（法28条）。

3-1-1　周波数の偏差

　無線局に指定された電波の周波数と実際に空中線から発射される電波の周波数は、一致することが望ましいが、常に完全に一致するように保つことは技術的に困難である。そこで、一定限度の偏差、すなわち、ある程度までのずれを認め、このずれの範囲内のものであれば技術基準に適合するものとされている。これが周波数の許容偏差であり、百万分率又はヘルツ（Hz）で表す（施行 2 条）（資料 1 参照）。

　周波数の許容偏差は、周波数帯別、無線局の業務の種別ごとに規定されている（設備 5 条、別表 1 号）（資料 5 参照）。

〔参考〕「A3E 121.5MHz」を例にとると、資料 5 周波数の許容偏差の 6 欄中の 3 ⑵航空機局の許容偏差が 30×10^{-6} であるから、

$$(121.5 \times 10^6) \times (30 \times 10^{-6}) = 3645\text{Hz} = 3.645\text{kHz}$$

となる。したがって、周波数の偏差は、±3.645kHz 以内に保たなければならない。

3-1-2　周波数の幅

　電波による情報の伝送は、搬送波の上下の側波帯となって発射されるので、側波帯を含めた全発射の幅が必要であり、この幅を占有周波数帯幅という。電波を能率的に使用し、かつ、他の無線通信に混信等の妨害を与えないようにするためには、この周波数帯幅を必要最小限に止めることが望ましい。発射電波に許容される占有周波数帯幅の値は、電波の型式及び無線局の無線設備ごとに定めている（設備 6 条、別表 2 号）（資料 6 参照）。

3-1-3　高調波の強度等

　送信機で作られ空中線から発射される電波には、搬送波（無変調）のみの発射あるいは所要の変調を加え情報を送るのに必要な発射のほかに、不必要な高調波や低調波等の不要成分である不要発射が同時に発射される。これらの不要発射は、他の無線局の電波に混信等の妨害を与えることとなるので、

一定のレベル以下に抑えることが必要である。すなわち、情報を送るための必要周波数帯のすぐ外側を帯域外領域、更にその外側をスプリアス領域と呼び、無線設備規則では、使用周波数帯別に又は無線局の送信設備等に応じて、これらの領域におけるスプリアス発射又は不要発射の強度の許容値を定めている（設備7条、別表3号）（資料7参照）。

3-2　電波の型式の表示等

3-2-1　電波の型式の表示方法

1　電波の型式とは、発射される電波がどのような変調方法で、どのような内容の情報を有しているかなどを記号で表示することであり、次のように分類し、一定の3文字の記号を組み合わせて表示する（施行4条の2）（資料8参照）。

(1)　主搬送波の変調の型式（無変調、振幅変調、角度変調、パルス変調等の別及び両側波帯又は単側波帯等の別、周波数変調又は位相変調等の別）

(2)　主搬送波を変調する信号の性質（変調信号のないもの、アナログ信号、デジタル信号等の別）

(3)　伝送情報の型式（無情報、電信、ファクシミリ、データ伝送、遠隔測定又は遠隔指令、電話、テレビジョン又はこれらの型式の組合せの別）

2　電波の型式の例を示すと次のとおりである。

(1)　アナログ信号の単一チャネルを使用する電話の電波の型式の例

　　A3E　振幅変調で両側波帯を使用する電話

　　J3E　振幅変調で抑圧搬送波の単側波帯を使用する電話

　　F3E　周波数変調の電話

　　H3E　振幅変調で全搬送波の単側波帯を使用する電話

(2)　デジタル信号の単一チャネルを使用し変調のための副搬送波を使用しないものの電波の型式の例

　　G1B　位相変調をした電信で自動受信を目的とするもの

（使用例　衛星非常用位置指示無線標識、航空機用救命無線機）

G1D　位相変調をしたデータ伝送

（使用例　インマルサット）

G1E　位相変調をした電話

（使用例　インマルサット）

(3)　デジタル信号の単一チャネルを使用し変調のための副搬送波を使用するものの電波の型式の例

A2D　振幅変調で両側波帯を使用するデータ伝送

（使用例　VHF のデジタルリンク（ACARS））

(4)　レーダーの電波の型式の例

P0N　パルス変調で情報を送るための変調信号のない無情報の伝送

（使用例　航空機用気象レーダー）

3-2-2　周波数の表示方法

1　電波の周波数は、周波数の使用上特に必要がある場合を除き、次のように表示する（施行 4 条の 3・1 項）。

3,000kHz 以下のもの ……………………………………… kHz（キロヘルツ）

3,000kHz を超え 3,000MHz 以下のもの …………… MHz（メガヘルツ）

3,000MHz を超え 3,000GHz 以下のもの …………… GHz（ギガヘルツ）

2　電波のスペクトルは、その周波数の範囲に応じ、次の表に掲げるように 9 の周波数帯に区分する（施行 4 条の 3・2 項）。

周波数帯の周波数の範囲	周波数帯の番号	周波数帯の略称	メートルによる区分	参考 波長
3kHz を超え 30kHz 以下	4	VLF	ミリアメートル波	10km以上
30kHz を超え 300kHz 以下	5	LF	キロメートル波	10km～1km
300kHz を超え 3,000kHz 以下	6	MF	ヘクトメートル波	1km～100m
3MHz を超え 30MHz 以下	7	HF	デカメートル波	100m～10m
30MHz を超え 300MHz 以下	8	VHF	メートル波	10m～1m
300MHz を超え 3,000MHz 以下	9	UHF	デシメートル波	1m～10cm
3GHz を超え 30GHz 以下	10	SHF	センチメートル波	10cm～1cm
30GHz を超え 300GHz 以下	11	EHF	ミリメートル波	1cm～1mm
300GHz を超え 3,000GHz（又は 3THz）以下	12		デシミリメートル波	1mm～0.1mm

注　周波数帯の番号は、国際電気通信連合憲章に規定する無線通信規則第2条に規定された
　　ものと同じ。

3-3　送信装置

3-3-1　具備すべき電波

　航空機局は、総務大臣が別に告示する電波を送り、及び受けることができ
るものでなければならない（施行12条11項）。

〔参考〕　航空機局の具備すべき電波（昭和44年告示第513号）

　　1　航空機局が送り及び受けることができなければならない電波は、次の表
　　の左欄に掲げる航空機局の区別に従い、それぞれ右欄に掲げるとおりとす
　　る。ただし、総合通信局長（沖縄総合通信事務所長を含む。）が当該航空機
　　の航行区域により、同表左欄の1の項の「送り及び受ける電波」の欄の1
　　及び2に掲げる電波によって航空交通管制に関する通信を取り扱う航空局
　　と通信を行うことができると認める航空機局は、同欄の4に掲げる電波を
　　具備することを要しない。

航空機局の区別	送 り 及 び 受 け る 電 波
1　義務航空機局	1　A3E 電波 121.5MHz 2　A3E 電波 118MHz から 136MHz までの周波数帯において総合通信局長が指示する周波数 3　A3E 電波 243MHz（捜索救難に従事する航空機であって、長距離洋上飛行を行うものの航空機局の場合に限る。） 4　J3E 電波又は H3E 電波 2,850kHz から 17,970kHz までの周波数帯において総合通信局長が指示する周波数
2　その他の航空機局	1　A3E 電波 121.5MHz 2　A3E 電波 126.2MHz

2　航空機用救命無線機を設置する航空機局は、1 に規定する電波のほか、その設置する航空機用救命無線機の区別に従い、それぞれ次の表の右欄に掲げる電波を送ることができなければならない。

航空機用救命無線機の区別	送　る　電　波
1　人工衛星局の中継によるもの	1　A3X 電波 121.5MHz 2　G1B電波406.025MHz、406.028MHz、406.031MHz、406.037MHz又は 406.04MHz
2　その他のもの	A3X 電波 121.5MHz

3-4　航空機用救命無線機
（ELT：Emergency Locator Transmitter）

1　航空機用救命無線機は、次のとおり定義されている。

　「航空機が遭難した場合に、その送信の地点を探知させるための信号を自動的に送信するもの（A3E 電波を使用する無線電話を附置するもの又は人工衛星局の中継によりその送信の地点を探知させるための信号を併せて送信するものを含む。）をいう。」（施行 2 条 1 項40号）

2　航空機用救命無線機は、次の各号の条件に適合するものでなければならない（設備45条の12の 2 ）。

(1) 一般的条件

　ア　航空機に固定され、容易に取り外せないものを除き、小型かつ軽量であって、一人で容易に持ち運びができること。

　イ　水密であること。

　ウ　海面に浮き、横転した場合に復元すること、救命浮機に係留することができること（救助のため海面で使用するものに限る。）。

　エ　筐体に黄色又は橙色の彩色が施されていること。

　オ　電源としての独立の電池を備えるものであり、かつ、その電池の有効期限を明示してあること。

　カ　筐体の見やすい箇所に取扱方法その他注意事項を簡明に表示してあること。

　キ　取扱いについて特別の知識又は技能を有しない者にも容易に操作できるものであること。

　ク　不注意による動作を防ぐ措置が施されていること。

　ケ　電波が発射されていることを警告音、警告灯等により示す機能を有すること（救助のため海面において 121.5MHz の周波数の電波のみを使用するものを除く。）。

　コ　別に告示する墜落加速度感知機能の要件に従い、墜落等の衝撃により自動的に無線機が作動すること。また、手動操作によっても容易に無線機が動作すること（救助のため海面で使用するものを除く。）。

　サ　通常起こり得る温度の変化又は振動若しくは衝撃があった場合においても、支障なく動作すること。

(2) 送信装置の条件

　ア　121.5MHz 又は 243MHz の周波数の電波を使用するもの

　　(ア)　使用する電波の型式は、A3X であること。ただし、A3E 電波を併せ具備することを妨げない。

　　(イ)　空中線電力は、50ミリワット以上で48時間の期間以上連続して運用できるものであること。

　(ウ)　A3X 電波を使用する場合の変調周波数は、300ヘルツから1,600
　　　ヘルツまでの間の任意の700ヘルツ以上の範囲を毎秒2ないし4回
　　　の割合で低い方向に変化するものであること。

　(エ)　空中線は、専用の単一型のものであって、その指向特性が水平面
　　　無指向性であり、かつ、その発射する電波の偏波面が垂直となるも
　　　のであること。

イ　406MHz から 406.1MHz までの周波数の電波を使用するもの

　(ア)　使用する電波の型式は、G1B であること。

　(イ)　無線設備規則第45条の2第1項第2号イ及び第3号イに規定する
　　　条件に適合すること。（注、詳細掲載省略、次の(ウ)も同様）

　(ウ)　総務大臣が別に告示（平成15年告示第153号）する技術的条件に適
　　　合すること。

〔参考〕　航空法施行規則第150条の改正により、平成20年7月1日から、すべての
　　　　航空機（飛行機及び回転翼航空機）は、水上飛行の有無にかかわらず、航空
　　　　機用救命無線機（ELT）の装備が義務付けられた。

3-5　無線航行設備

　航空機の安全な航行には、無線電話が必須の設備としてほとんどの航空機
には装備義務が課されている。これに加えて、航空機の安全運航に欠かせな
いものとして航空無線航行設備がある。

　地上の航空無線航行設備は、電波の灯台としての役割があり、航空路や空
港には、その位置や出発経路、着陸経路を誘導するための NDB、VOR/DME、
VORTAC が適宜設置されている。

　航空機は、これらを利用する計器飛行方式により、安全に航行することが
できる。

　また、主な空港には、霧や降雨、降雪等により視界が悪い場合でも航空機
が安全に着陸できるように、航空機の着陸に必要な滑走路からの距離、方向、

高度の情報を電波で提供する計器着陸装置（ILS）が設置されている。

3-5-1　航空用 DME（Distance Measuring Equipment）

　航空用 DME（距離測定装置）とは、「960MHz から 1,215MHz までの周波数の電波を使用し、航空機において、当該航空機から地表の定点までの見通し距離を測定するための無線航行業務を行う設備をいう。」と定義されている（施行2条1項51号）。

　航空用 DME は、機上 DME 装置から質問電波を発射し、地上 DME 局からの応答電波の往復時間を距離に換算するもので、航空機（機上 DME）から地上の DME 局までの距離を測定する装置である。

3-5-2　タカン（TACAN：Tactical Air Navigation）

　タカンとは、「960MHz から 1,215MHz までの周波数の電波を使用し、航空機において、当該航空機から地表の定点までの見通し距離及び方位を測定するための無線航行業務を行う設備をいう。」と定義されている（施行2条1項51の2号）。

　タカンは、本来軍用の施設であり、軍用機はタカンの距離測定機能と方位機能を利用している。タカンと VOR を併設した地上設備を VORTAC と呼び、民間機は VORTAC の VOR の方位情報とタカンの距離測定機能を利用して自機の位置を把握できる。

3-5-3　ILS（Instrument Landing System）

　ILS とは、「計器着陸方式（航空機に対し、その着陸降下直前又は着陸降下中に、水平及び垂直の誘導を与え、かつ、定点において着陸基準点までの距離を示すことにより、着陸のための一の固定した進入の経路を設定する無線航行方式）をいう。」と定義されている（施行2条1項49号）。

　このシステムは、航空機が着陸に際して必要な水平方向、垂直方向及び滑走路までの距離に関する3情報を電波によって与えるもので、ローカライザ、

グライドパス及びマーカ・ビーコンで構成される。

① 　ローカライザは、水平方向の情報を与えるもので、滑走路端の中心線から 108MHz ～112MHz の VHF 帯の電波を進入コースに向けて発射し、滑走路中心線からの左右のずれを示す。電波の型式は A2X である。

② 　グライドパスは、垂直方向の情報を与えるもので、滑走路の側端から 329MHz ～335MHz の UHF 帯の電波を進入コースの方向（約 3 度）に向けて発射し、滑走路端への適切な進入角度を示す。電波の型式は A2X である。

③ 　マーカ・ビーコンは、滑走路端までの距離情報を与えるもので、進入コース上の所定の位置に設置され、75MHz の電波を垂直方向に発射する。航空機は、信号音とランプの点灯によりマーカ・ビーコン直上を通過したことを知ることができる。インナ・マーカ、ミドル・マーカ及びアウタ・マーカがある。電波の型式は A2A である。

航空機が着陸する際に ILS を使用して着陸する方式を ILS 進入方式という。

3-5-4　VOR（VHF Omni-directional Radio Range）

VOR（超短波全方向式無線標識）とは、「108MHz から 118MHz までの周波数の電波を全方向に発射する回転式の無線標識業務を行う設備をいう。」と定義されている（施行 2 条 1 項50号）。

陸上の VOR 局は、全方位（360度方向）に位相が一定の基準信号と、方位により位相が変化する可変位相信号を含んだ電波を同時に発射している。航空機の VOR 受信機は、この 2 信号の位相差を測定することにより、VOR 局から見た自機の磁方位を知ることができる。NDB と比べて磁方位が直読でき、かつ、精度が高いという利点がある。航空機においては、通常、距離測定装置（機上 DME）と併設されている。例えば、VOR/DME を利用する場合、VOR 局からは磁方位を、DME 局からは距離を知ることができるので容易に自機の位置を知ることができる。

3-5-5　NDB（Non Directional Radio Beacon）

NDB（無指向性無線標識）は、長波／中波帯（190kHz～415kHz）の電波を使用し、連続的な搬送波とともに一定の間隔で標識符号（A2A 電波、アルファベット2文字）を送出する地上の無線標識局である。

航空機の設備は、通称 ADF（Automatic Direction Finder ／自動方向探知機）といわれ、NDB 電波を受信すると計器盤上に、その NDB 局への機軸からの方位（相対方位）が指示される。これによって航空機は NDB 局の方向に向かうことができるので、ホーマー（Homer）とも呼ばれている。無線航法システムとしては、最も歴史の古いものである。

3-6　ATCRBS の無線局の無線設備

ATCRBS（Air Traffic Control Radar Beacon System）とは、「地表の定点において、位置、識別、高度その他航空機に関する情報を取得するための航空交通管制の用に供する通信の方式をいう。」と定義されている（施行2条1項49の4号）。

ATCRBS の無線設備は、陸上の SSR と航空機の ATC トランスポンダによって構成され、航空交通管制にとって欠かせないシステムである。

3-6-1　SSR（Secondary Surveillance Radar）

航空機の管制には、空港に設置された空港監視レーダー（ASR：Airport Surveillance Radar）と航空路を監視するために山頂などに設置された航空路監視レーダー（ARSR：Air Route Surveillance Radar）が利用されている。

これら一次監視レーダー（ASR、ARSR）は、航空機の機影のみを表示し、航空機の識別、高度は表示できない。

SSR は、二次監視レーダーであり、一次監視レーダーに併設され、航空機に搭載されている ATC トランスポンダと情報のやり取りをし、航空機の識別、高度の情報を得る。

　管制卓の表示装置（レーダースコープ）には、これらの情報と航空機の飛行計画の内容をコンピュータ処理して、航空機の位置を示すシンボルに識別（航空会社及び便名）、高度その他管制に必要な情報が表示されている。

3-6-2　ATC トランスポンダ（ATC Transponder）

　陸上の SSR から送られた 1,030MHz の質問電波を受信すると、航空機のATC トランスポンダは自動的に 1,090MHz の電波で応答する。SSR のモードAの質問に対しては航空機の識別を、モードCの質問に対しては高度情報を伝送する。モードSの個別質問に対しては個別応答が可能である。モードSの利用により陸上 SSR と航空機、あるいは航空機相互間のデータ通信が可能となった。航空機衝突防止装置（ACAS）はこの機能を利用している。航空機の出発に際して、その都度、識別用として管制官から4桁の個別コードが指定され、以後、航行中は SSR の質問に応じて ATC トランスポンダによって、その航空機の識別と高度情報が航空管制機関に通報される。航空機の ATC トランスポンダの有効通達距離は、200海里であり、ARSR の覆域と一致している。

3-7　その他の無線設備

3-7-1　ACAS（Airborne Collision Avoidance System）

　ACAS とは、「航空機局の無線設備であって、他の航空機の位置、高度その他の情報を取得し、他の航空機との衝突を防止するための情報を自動的に表示するものをいう。」と定義されている（施行 2 条 1 項49の 5 号）。

　ACAS（航空機衝突防止装置）は、航空機に搭載した ATC トランスポンダを利用して、航空機の衝突を未然に防止する装置である。ACAS-Ⅰは、位置情報のみを表示するものであり、ACAS-Ⅱは、位置情報と垂直方向の回避情報を表示する。航空運送事業に従事する航空機で座席数が19又は最大離陸重量が5,700キログラムを超え、かつ、タービン発動機を装備したものは、ACAS-Ⅱの搭載が義務付けられている（航空法施行規則147条 5 号）。

　この装置は、航空機が相互に位置及び高度を確認する方法をとるもので、概ね 1 秒間隔で質問電波を発射する。周囲に他の航空機がいる場合は、応答電波が返ってくるので、その応答電波に基づいて距離や方向を計算して、衝突の可能性を判定する。衝突の危険性があるときは、RA（Resolution Advisory）アラームを発して垂直方向の回避情報をパイロットに知らせる。

3-7-2　航空機用気象レーダー

　航空機用気象レーダーは、総務大臣が別に告示（昭和51年告示第235号）する技術的条件に適合するものでなければならない（設備45条の12の 9 ）。また、同告示では、精度について次のように定めている。

　①　その航空機と目標までの距離の10パーセント又は1.9キロメートルのいずれか大きい値以内の誤差で測定することができること。

　②　その航空機が水平に飛行している状態において、目標の方位を 5 度以内の誤差で測定することができること。

3-7-3　電波高度計

　電波高度計は、航空機から直下に電波を発射し、地表や海面からの反射波を受信するまでの時間からその航空機の対地高度を測定する装置である。この装置は、総務大臣が別に告示（昭和51年告示第237号）する技術的条件に適合するものでなければならないと定められている（設備45条の12の9）。

　電波高度計は、通常2,500フィート以下の低高度で地表までの距離を精密に読み取ることができる。パイロットが意図しない異常な降下、地表や山岳への衝突防止、あるいは ILS による高精度の着陸を行うためには必要な装置である。

第4章　無線従事者

　電波の能率的な利用を図るためには、無線設備が技術基準に適合するほか、その操作が適切に行われなければならない。また、無線設備の操作には専門的な知識及び技能が必要であるから、だれにでもそれを行わせることはできない。

　そこで電波法では、無線局の無線設備の操作は、原則として無線局の種別や規模及びその業務形態等に応じ、一定の資格を有する無線従事者又は主任無線従事者の監督を受ける者でなければ行ってはならないことを定めている（法39条1項、2項、施行34条の2）。

　無線従事者は、一定の知識及び技能を有する者として一定範囲の無線設備の操作及び無線従事者の資格を有しない者等の無線設備の操作の監督を行うことができる地位を与えられていると同時に、無線局の無線設備の操作に従事する場合にはこれを適正に運用しなければならない責任のある地位におかれているものである。したがって、無線従事者は、その行う業務に精通し、常に無線局の適切な運用を図らなければならない。

4-1　資格制度

4-1-1　無線従事者

　電波法では、無線従事者とは「無線設備の操作又はその監督を行う者であって、総務大臣の免許を受けたものをいう。」と定義している。前の部分の「無線設備の操作を行う者」は、電波法40条に定める一定の資格を有する無線従事者であり、後の部分の「無線設備の操作の監督を行う者」は、4-1-4に述べる主任無線従事者を指している。

メ　モ

4-1-2　無線設備の操作

1　無線設備の操作は、無線従事者又は無線局の免許人から選任された主任
無線従事者の監督を受ける者以外の者は、これを行ってはならない。また、
主任無線従事者の監督の下に無線設備の操作に従事する者（無線従事者の
資格を有しない者）は、その主任無線従事者の指示に従わなければならな
い（法39条1項、6項）。

　このように、無線設備の操作は、一定の資格を有する無線従事者又は主
任無線従事者の監督を受ける者でなければ行ってはならない。

　ただし、船舶又は航空機が航行中であるため無線従事者を補充すること
ができないとき、その他次の〔参考〕に掲げるような例外的な場合には、
無線従事者でなくてもその操作を行うことができる（法39条1項、施行33条、
33条の2）。

〔参考〕　無線従事者の資格を要しない場合

　1　無線設備の簡易な操作（施行33条抜粋）

　　電波法第39条第1項本文に規定する無線従事者の資格を要しない無線設
　備の簡易な操作は、次のとおりである。

　⑴　電波法第4条第1号から第3号までに規定する免許を要しない無線局
　　の無線設備の操作

　⑵　特定無線局（移動する無線局であって通信の相手方である無線局から
　　の電波を受けることによって自動的に選択される周波数の電波のみを発
　　射するもののうち総務省で定める無線局（航空機地球局にあっては、航
　　空機の安全運航又は正常運航に関する通信を行わないものに限る。）に限
　　る。）の無線設備の通信操作及び当該無線設備の外部の転換装置で電波の
　　質に影響を及ぼさないものの技術操作

　⑶　次に掲げる無線局（特定無線局に該当するものを除く。）の無線設備の
　　通信操作

　　ア　陸上に開設した無線局（海岸局（海岸局（船舶自動識別装置及び
　　　VHFデータ交換装置に限る。）を除く。）、航空局、船上通信局、無線航

行局及び海岸地球局並びに(4)のイの航空地球局を除く。)

　イ　携帯局

　ウ　航空機地球局（航空機の安全運航又は正常運航の通信を行わないものに限る。）

　エ　携帯移動地球局

(4)　次に掲げる無線局（特定無線局に該当するものを除く。）の無線設備の連絡の設定及び終了（自動装置により行われるものを除く。）に関する通信操作以外の通信操作で当該無線局の無線従事者の管理の下に行うもの

　ア　航空機局

　イ　航空地球局（航空機の安全運航又は正常運航に関する通信を行うものに限る。）

　ウ　航空機地球局（(3)のウに該当するものを除く。）

(5)　次に掲げる無線局（適合表示無線設備のみを使用するものに限る。）の無線設備の外部の転換装置で電波の質に影響を及ぼさないものの技術操作

　ア　フェムトセル基地局

　イ　特定陸上移動中継局

　ウ　簡易無線局

　エ　構内無線局

　オ　無線標定陸上局その他の総務大臣が別に告示する無線局

(6)　次に掲げる無線局（特定無線局に該当するものを除く。）の無線設備の外部の転換装置で電波の質に影響を及ぼさないものの技術操作で他の無線局の無線従事者（他の無線局が外国の無線局である場合は、当該他の無線局の無線設備を操作することができる電波法第40条第1項の無線従事者の資格を有する者であって、総務大臣が告示で定めるところにより、免許人が当該技術操作を管理する者として総合通信局長に届け出たものを含む。）に管理されるもの

　ア　基地局（陸上移動中継局の中継により通信を行うものに限る。）

イ　陸上移動局

ウ　携帯局

エ　簡易無線局（(5)に該当するものを除く。）

オ　VSAT 地球局

カ　航空機地球局、携帯移動地球局その他の総務大臣が別に告示する無線局

(7)　(1)から(6)までの操作のほか、総務大臣が別に告示（平成 2 年告示第240号）するもの

2　無線設備の操作の特例（施行33条の 2 抜粋）

電波法第39条第 1 項ただし書の規定により、無線従事者の資格のない者が無線設備の操作を行うことができる場合は、次のとおりである。

(1)　外国各地間のみを航行する船舶又は航空機その他外国にある船舶又は航空機に開設する無線局において、無線従事者を得ることができない場合であって、その船舶又は航空機が日本国内の目的地に到着するまでの間、無線通信規則第37条又は第47条の規定により外国政府が発給した証明書を有する者が、その証明書に対応する資格の無線従事者の操作の範囲に属する無線設備の操作を行うとき（概略）。

(2)　非常通信業務を行う場合であって、無線従事者を無線設備の操作に充てることができないとき、又は主任無線従事者を無線設備の操作の監督に充てることができないとき。

(3)　航空機の操縦の練習を行うに際し、航空機内において第一級、第二級総合無線通信士又は航空無線通信士の指揮の下に、当該航空機に開設する航空機局又は航空機地球局の無線設備の操作を行うとき。

(4)　(1)から(3)までのほか、総務大臣が別に告示（平成 2 年告示第241号、平成11年告示第210号）するもの

2　無線従事者でなければ行ってはならない操作

次に掲げる無線設備の操作は、（主任無線従事者が選任されていて、その監督の下であっても）無線従事者でなければ行ってはならない（法39条

2項、施行34条の2）。

⑴　モールス符号を送り、又は受ける無線電信の操作

⑵　海岸局、船舶局、海岸地球局又は船舶地球局の無線設備の通信操作で、遭難通信、緊急通信又は安全通信に関するもの

⑶　航空局、航空機局、航空地球局又は航空機地球局の無線設備の通信操作で、遭難通信又は緊急通信に関するもの

⑷　航空局の無線設備の通信操作で次に掲げる通信の連絡の設定及び終了に関するもの（自動装置による連絡設定が行われる無線局の無線設備のものを除く。）

　　ア　無線方向探知に関する通信

　　イ　航空機の安全運航に関する通信

　　ウ　気象通報に関する通信（イに掲げるものを除く。）

⑸　⑴から⑷までに掲げるもののほか、総務大臣が別に告示（注）するもの

　（注）　無線従事者でなければ行ってはならない無線設備の操作（平成16年告示第287号）

　　　　国土交通省所属の地球局、航空地球局及び人工衛星局、国土交通省又は成田国際空港株式会社所属の航空局並びに国土交通省、地方公共団体、成田国際空港株式会社、関西国際空港株式会社又は中部国際空港株式会社所属の無線標識局及び無線航行陸上局であって、航空機の航行の安全確保の用に供するものの無線設備の操作

4-1-3　資格の種別

　無線従事者の資格は、「総合」、「海上」、「航空」、「陸上」及び「アマチュア」の5つに区分され、その資格の種別は、次のとおりである（計23資格）（法40条1項、2項、施行令2条）。

1　無線従事者（総合）　　　⑴　第一級総合無線通信士
　　　　　　　　　　　　　　⑵　第二級総合無線通信士

　　　　　　　　　　　　　　(3)　第三級総合無線通信士
2　無線従事者（海上）　　(1)　第一級海上無線通信士
　　　　　　　　　　　　　　(2)　第二級海上無線通信士
　　　　　　　　　　　　　　(3)　第三級海上無線通信士
　　　　　　　　　　　　　　(4)　第四級海上無線通信士
　　　　　　　　　　　　　　(5)　海上特殊無線技士
　　　　　　　　　　　　　　　　ア　第一級海上特殊無線技士
　　　　　　　　　　　　　　　　イ　第二級海上特殊無線技士
　　　　　　　　　　　　　　　　ウ　第三級海上特殊無線技士
　　　　　　　　　　　　　　　　エ　レーダー級海上特殊無線技士
3　無線従事者（航空）　　(1)　航空無線通信士
　　　　　　　　　　　　　　(2)　航空特殊無線技士
4　無線従事者（陸上）　　(1)　第一級陸上無線技術士
　　　　　　　　　　　　　　(2)　第二級陸上無線技術士
　　　　　　　　　　　　　　(3)　陸上特殊無線技士
　　　　　　　　　　　　　　　　ア　第一級陸上特殊無線技士
　　　　　　　　　　　　　　　　イ　第二級陸上特殊無線技士
　　　　　　　　　　　　　　　　ウ　第三級陸上特殊無線技士
　　　　　　　　　　　　　　　　エ　国内電信級陸上特殊無線技士
5　無線従事者（アマチュア）　(1)　第一級アマチュア無線技士
　　　　　　　　　　　　　　(2)　第二級アマチュア無線技士
　　　　　　　　　　　　　　(3)　第三級アマチュア無線技士
　　　　　　　　　　　　　　(4)　第四級アマチュア無線技士

4-1-4　主任無線従事者

1　主任無線従事者

　主任無線従事者とは、無線局（アマチュア無線局を除く。）の無線設備
の操作の監督を行う者をいう（法39条1項）。

2 主任無線従事者の非適格事由

　主任無線従事者は、次の事由に該当しないものでなければならない（法39条3項、施行34条の3）。

⑴　電波法に定める罪を犯し罰金以上の刑に処せられ、その執行を終わり、又はその執行を受けることがなくなった日から2年を経過しない者であること。

⑵　電波法若しくはこれに基づく命令又はこれらに基づく処分に違反して業務に従事することを停止され、その処分の期間が終了した日から3箇月を経過していない者であること。

⑶　主任無線従事者として選任される日以前5年間において無線局（無線従事者の選任を要する無線局でアマチュア局以外のものに限る。）の無線設備の操作又はその監督の業務に従事した期間が3箇月に満たない者であること。

3 主任無線従事者又は無線従事者の選任の届出

⑴　無線局の免許人等（注）は、主任無線従事者を選任又は解任したときは、遅滞なく、総務大臣に対して「主任無線従事者選（解）任届」により届け出なければならない（法39条4項）。

⑵　免許人等は、主任無線従事者以外の無線従事者を選任又は解任したときも同様に届け出なければならない（法51条）。

⑶　⑴及び⑵の選任又は解任の届書の様式は、資料9のとおりである（施行34条の4、別表3号）。

（注）「免許人等」とは、免許人又は登録人をいう（法6条1項）。

4 主任無線従事者の職務

　主任無線従事者は、無線設備の操作の監督に関し総務省令で定める次の職務を誠実に行わなければならない。また、主任無線従事者の監督の下に無線設備の操作に従事する者は、その主任無線従事者が職務を行うために必要であると認めてする指示に従わなければならない（法39条5項、6項、施行34条の5）。

(1)　主任無線従事者の監督を受けて無線設備の操作を行う者に対する訓練（実習を含む。）の計画を立案し、実施すること。

(2)　無線設備の点検若しくは保守を行い、又はその監督を行うこと。

(3)　無線業務日誌その他の書類を作成し、又はその作成を監督すること（記載された事項に関し必要な措置をとることを含む。）

(4)　主任無線従事者の職務を遂行するために必要な事項に関し免許人等に対して意見を述べること。

(5)　その他無線局の無線設備の操作の監督に関し必要と認められる事項

5　主任無線従事者講習

(1)　無線局（総務省令で定めるものを除く。）の免許人等は、主任無線従事者に対し、総務省令で定める次の期間ごとに、無線設備の操作の監督に関し総務大臣の行う講習を受けさせなければならない（法39条7項、施行34条の7・1項、2項）。

　　ア　選任したときは、選任の日から6箇月以内

　　イ　2回目以降は、その講習を受けた日から5年以内ごと

(2)　(1)の総務省令で定める無線局（主任無線従事者講習を要しない無線局）は、次のとおりである（施行34条の6）。

　　ア　特定船舶局

　　イ　簡易無線局

　　ウ　ア及びイのほか、総務大臣が告示するもの

(3)　主任無線従事者に対して実施する講習を「主任講習」といい、総務大臣が行い又は総務大臣が指定した者（「指定講習機関」という。）に行わせることができるとされている（法39条7項、39条の2・1項）。

　　(注) 指定講習機関として、公益財団法人日本無線協会が指定されている。

(4)　主任講習は、「海上主任講習」、「航空主任講習」及び「陸上主任講習」の三つに区分されている（従事者70条）。

(5)　主任講習の日時、場所その他必要な事項は、総務大臣又は指定講習機関があらかじめ公示（指定講習機関のホームページへの掲載）する（従

事者72条)。

(6)　主任講習を受けようとする者は、受講申請書（資料10参照）を実施者に提出しなければならない（従事者73条）。

(7)　総務大臣又は指定講習機関は、(6)の申請があったときは、申請者に主任講習の日時及び場所を通知する（従事者74条）。

(8)　総務大臣又は指定講習機関は、主任講習を修了した者に対しては、主任無線従事者講習修了証を交付する（従事者75条）。

4-2　無線設備の操作及び監督の範囲

　無線設備の操作の範囲と内容は、通信操作と技術操作の別、無線設備の種類、周波数帯別、空中線電力の大小、業務の区別等によって多岐にわたっている。無線設備の操作の範囲は、電波法施行令で資格別に定められている。主任無線従事者の無線設備の操作の監督の範囲は、当該主任無線従事者が有する資格の操作範囲と同じである。

　無線従事者（航空）の無線設備の操作及び監督の範囲は、次表に掲げるとおりである（施行令3条抜粋）。

資　格	無線設備の操作及び監督の範囲
航空 無線通信士	1　航空機に施設する無線設備並びに航空局、航空地球局及び航空機のための無線航行局の無線設備の通信操作（モールス符号による通信操作を除く。） 2　次に掲げる無線設備の外部の調整部分の技術操作 　イ　航空機に施設する無線設備 　ロ　航空局、航空地球局及び航空機のための無線航行局の無線設備で空中線電力250ワット以下のもの 　ハ　航空局及び航空機のための無線航行局のレーダーでロに掲げるもの以外のもの

航空 特殊無線技士	航空機（航空運送事業の用に供する航空機を除く。）に施設する無線設備及び航空局（航空交通管制の用に供するものを除く。）の無線設備で次に掲げるものの国内通信のための通信操作（モールス符号による通信操作を除く。）並びにこれらの無線設備（多重無線設備を除く。）の外部の転換装置で電波の質に影響を及ぼさないものの技術操作 1　空中線電力50ワット以下の無線設備で25,010キロヘルツ以上の周波数の電波を使用するもの 2　航空交通管制用トランスポンダで前号に掲げるもの以外のもの 3　レーダーで第1号に掲げるもの以外のもの

4-3　免許

4-3-1　免許の要件

1　無線従事者になろうとする者は、総務大臣の免許を受けなければならない（法41条1項）。

2　無線従事者の免許は、次のいずれかに該当する者でなければ受けることができない（法41条2項）。

(1)　資格別に行われる無線従事者国家試験に合格した者

(2)　総合通信局長が認定した無線従事者の養成課程を修了した者（注1）

(注1)　無線従事者の養成課程は、第三級及び第四級海上無線通信士、航空無線通信士、特殊無線技士並びに第二級、第三級及び第四級アマチュア無線技士の資格について定められている制度である（従事者20条）。

(3)　学校教育法に基づく学校の区分に応じ総務省令で定める無線通信に関する科目を修めて卒業した者（同法による専門職大学の前期課程にあっては修了した者）（注2）

(4)　総務省令で定める資格及び業務経歴、その他の要件（認定講習課程の修了）を備える者（注2）

（注２）　(3)及び(4)は、航空特殊無線技士には適用されない。

4-3-2　欠格事由

1　次のいずれかに該当する者には、無線従事者の免許は与えられない（法42条、従事者45条１項）。

　(1)　電波法に定める罪を犯し罰金以上の刑に処せられ、その執行を終わり、又はその執行を受けることがなくなった日から２年を経過しない者（総務大臣又は総合通信局長が特に支障がないと認めたものを除く。）

　(2)　無線従事者の免許を取り消され、取消しの日から２年を経過しない者（総務大臣又は総合通信局長が特に支障がないと認めたものを除く。）

　(3)　視覚、聴覚、音声機能若しくは言語機能又は精神の機能の障害により無線従事者の業務を適正に行うに当たって必要な認知、判断及び意思疎通を適切に行うことができない者

2　1の(3)に該当する者であって、総務大臣又は総合通信局長がその資格の無線従事者が行う無線設備の操作に支障がないと認める場合は、その資格の免許が与えられる（従事者45条２項）。

3　1の(3)に該当する者（精神の機能の障害により無線従事者の業務を適正に行うに当たって必要な認知、判断及び意思疎通を適切に行うことができない者を除く。）が、第三級陸上特殊無線技士又は各級アマチュア無線技士の資格の免許を受けようとするときは、2の規定にかかわらず免許が与えられる。（従事者45条３項）。

4-3-3　免許の取得

1　免許の申請

　　無線従事者の免許を受けようとする者は、総務省令で定める様式の申請書（資料11参照）に次に掲げる書類を添えて、合格した国家試験（その免許に係るものに限る。）の受験地又は修了した無線従事者養成課程の主たる実施の場所を管轄する総合通信局長に提出しなければならない。ただし、

申請者の住所を管轄する総合通信局長に提出することもできる。(従事者46条 1 項、別表11号、施行51条の15、52条)。

(1)　氏名及び生年月日を証する書類 (注)

　　(注)　住民票の写し、戸籍抄本等。住民基本台帳法による住民票コード又は現に有する無線従事者免許証、電気通信主任技術者資格者証、工事担任者資格者証の番号のいずれか一つを記入する場合は添付を省略できる (従事者46条 2 項)。

(2)　写真 (申請前 6 月以内に撮影した無帽、正面、上三分身、無背景の縦30ミリメートル、横24ミリメートルのもので、裏面に申請する資格及び氏名を記載したものとする。) 1 枚

(3)　養成課程の修了証明書 (養成課程を修了して免許を受けようとする場合に限る。)

(4)　医師の診断書 (総合通信局長が必要と認めるときに限る。) (注：通常は添付を要しない。)

　なお、申請書には、免許申請手数料として電波法関係手数料令で定める額に相当する収入印紙を貼って納めなければならない (法103条、手数料14条、22条)。

2　免許証の交付

(1)　総務大臣又は総合通信局長は、免許を与えたときは、免許証 (資料12参照) を交付する (従事者47条 1 項)。

(2)　(1)により免許証の交付を受けた者は、無線設備の操作に関する知識及び技術の向上を図るよう務めなければならない (従事者47条 2 項)。

4-4　免許証の携帯義務

　無線従事者は、その業務に従事しているときは、免許証を携帯していなければならない (施行38条10項)。

4-5 免許証の再交付又は返納

4-5-1 免許証の再交付

1 無線従事者は、氏名に変更を生じたとき又は免許証を汚し、破り、若しくは失ったために免許証の再交付を受けようとするときは、定められた様式の申請書（資料11参照）に次に掲げる書類を添えて総務大臣又は総合通信局長に提出しなければならない（従事者50条、別表11号）。

(1) 免許証（免許証を失った場合を除く。）

(2) 写真1枚（免許申請の場合に同じ。）

(3) 氏名の変更の事実を証する書類（注）（氏名に変更を生じた場合に限る。）

   （注）戸籍抄本等

2 申請書には再交付申請手数料として電波法関係手数料令に定める額に相当する収入印紙を貼って納めなければならない（法103条、手数料18条、22条）。

4-5-2 免許証の返納

1 無線従事者は、免許の取消しの処分を受けたときは、その処分を受けた日から10日以内にその免許証を総務大臣又は総合通信局長に返納しなければならない。免許証の再交付を受けた後失った免許証を発見したときも同様とする（従事者51条1項）。

2 無線従事者が死亡し又は失そうの宣告を受けたときは、戸籍法による死亡又は失そう宣告の届出義務者は、遅滞なく、その免許証を総務大臣又は総合通信局長に返納しなければならない（従事者51条2項）。

   （注）失そうの宣告：生死不明の者について裁判所から死亡したものとみなすと言い渡されることである。

第5章　運用

5-1　一般

　無線局の運用とは、電波を発射し、又は受信して通信を行うことが中心であるが、電波は共通の空間を媒体としているため、無線局の運用が適正に行われるかどうかは、電波の効率的利用に直接つながる大きな問題である。

　電波法令は、電波の能率的な利用を図るため、無線通信の原則、通信の方法、遭難通信等の重要通信の取扱方法等無線局の運用に当たって守るべき事項について定めている。

　無線局に選任され、無線設備を操作して無線局の運用に直接携わる無線従事者は、一定の知識及び技能を有する者として通常の通信、遭難通信等の重要通信を確保する等無線局の適正な運用を図らなければならない。

5-1-1　通則

5-1-1-1　目的外使用の禁止等

　無線局は、免許状に記載された目的又は通信の相手方若しくは通信事項の範囲を超えて運用してはならない。ただし、次に掲げる通信については、この限りでない（法52条）。

①　遭難通信（船舶又は航空機が重大かつ急迫の危険に陥った場合に遭難信号を前置する方法その他総務省令で定める方法により行う無線通信をいう。）

②　緊急通信（船舶又は航空機が重大かつ急迫の危険に陥るおそれがある場合その他緊急の事態が発生した場合に緊急信号を前置する方法その他総務省令で定める方法により行う無線通信をいう。）

③　安全通信（船舶又は航空機の航行に対する重大な危険を予防するために安全信号を前置する方法その他総務省令で定める方法により行う無線

メモ

通信をいう。）

④　非常通信（地震、台風、洪水、津波、雪害、火災、暴動その他非常の事態が発生し、又は発生するおそれがある場合において、有線通信を利用することができないか又はこれを利用することが著しく困難であるときに人命の救助、災害の救援、交通通信の確保又は秩序の維持のために行われる無線通信をいう。）

⑤　放送の受信

⑥　その他総務省令で定める通信

〔参考〕　上記⑥の総務省令で定める通信（免許状に記載された目的等にかかわらず運用することができる通信）は、次のとおりである（施行37条抜粋）。この場合において、①の通信を除くほか、航空機局についてはその航空機の航行中又は航行の準備中に限って運用することができる。ただし、無線通信によらなければ他に連絡手段がない場合であって、急を要する通報を航空移動業務の無線局に送信するとき（5-2-1-1の③参照）は、航空機の航行中及び航行の準備中以外の場合においても運用することができる。

①　無線機器の試験又は調整をするために行う通信

②　船位通報（遭難船舶又は遭難航空機の救助又は捜索に資するために国又は外国の行政機関が収集する船舶の位置に関する通報であって、当該行政機関と当該船舶との間に発受するものをいう。）に関する通信

③　海上保安庁（海洋汚染及び海上災害の防止に関する法律（昭和45年法律第136号）第38条第1項又は第2項の規定による通報を行う場合にあっては同庁に相当する外国の行政機関を含む。）の海上移動業務又は航空移動業務の無線局とその他の海上移動業務又は航空移動業務の無線局との間（海岸局と航空局との間を除く。）で行う海上保安業務に関し急を要する通信

④　海上保安庁の海上移動業務又は航空移動業務の無線局とその他の海上移動業務又は航空移動業務の無線局との間で行う海上災害若しくは海洋汚染の防止又は海上における警備の訓練のための通信

⑤　気象の照会又は時刻の照合のために行う航空局と航空機局との間若しく

は航空機局相互間の通信

⑥　方位を測定するために行う航空局と航空機局との間若しくは航空機局相互間の通信

⑦　航空移動業務及び海上移動業務の無線局相互間において遭難船舶、遭難航空機若しくは遭難者の救助若しくは捜索又は航行中の船舶若しくは航空機を強取する事件が発生し、若しくは発生するおそれがあるときに当該船舶若しくは航空機の旅客等の救助のために行う通信及び当該訓練のための通信

⑧　航空機局又は航空機に搭載して使用する携帯局と海上移動業務の無線局との間で行う砕氷、海洋の汚染の防止その他の海上における作業のための通信

⑨　航空機局において、当該航空機局の免許人のための電報を一般航空局（電気通信業務を取り扱う航空局をいう。）又は電気通信業務を取り扱う航空機局に対して依頼するため、又はこれらの無線局から受領するために行う通信

⑩　航空局において、航空機局にあてる通信その他航空機の航行の安全に関する通信であって、急を要するものを送信するために行う他の航空局との間の通信（他の電気通信系統によっては、当該通信の目的を達することが困難である場合に限る。）

⑪　航空無線電話通信網を形成する航空局相互に行う次に掲げる通信

　⑴　航空機局から発する通報であって、当該通信網内の他の航空局にあてるものの中継

　⑵　当該通信網内における通信の有効な疎通を図るため必要な通信

⑫　航空機局が海上移動業務の無線局との間に行う次に掲げる通信

　⑴　電気通信業務の通信

　⑵　航空機の航行の安全に関する通信

⑬　電気通信業務を行うことを目的とする航空局が開設されていない飛行場に開設されている航空運送事業の用に供する航空局と外国航空機局との間

の正常運航に関する通信

⑭　国又は地方公共団体の飛行場管制塔の航空局と当該飛行場内を移動する陸上移動局又は携帯局との間で行う飛行場の交通の整理その他飛行場内の取締りに関する通信

⑮　一の免許人に属する航空機局と当該免許人に属する海上移動業務、陸上移動業務又は携帯移動業務の無線局との間で行う当該免許人のための急を要する通信

⑯　一の免許人に属する携帯局と当該免許人に属する海上移動業務、航空移動業務又は陸上移動業務の無線局との間で行う当該免許人のための急を要する通信

⑰　電波の規正に関する通信

⑱　電波法第74条第1項（非常の場合の無線通信）に規定する訓練のために行う通信

⑲　水防法第27条第2項の規定による通信

⑳　消防組織法第41条の規定に基づき行う通信

㉑　災害救助法第11条の規定による通信

㉒　気象業務法第15条の規定に基づき行う通信

㉓　災害対策基本法第57条又は第79条（大規模地震対策特別措置法第20条又は第26条第1項において準用する場合を含む。）の規定による通信

㉔　人命の救助又は人の生命、身体若しくは財産に重大な危害を及ぼす犯罪の捜査若しくはこれらの犯罪の現行犯人若しくは被疑者の逮捕に関し急を要する通信（他の電気通信系統によっては、当該通信の目的を達することが困難である場合に限る。）

5-1-1-2　免許状記載事項の遵守

1　無線設備の設置場所、識別信号、電波の型式及び周波数

　無線局を運用する場合においては、次のものは免許状等に記載されたところによらなければならない。ただし、遭難通信については、この限りで

ない（法53条）。

(1)　無線設備の設置場所

(2)　識別信号

(3)　電波の型式及び周波数

　（注）　免許状等とは、免許状又は登録状をいう（法53条）。

2　空中線電力

　無線局を運用する場合においては、空中線電力は、次に定めるところによらなければならない。ただし、遭難通信を行う場合は、この限りでない（法54条）。

(1)　免許状等に記載されたものの範囲内であること。

(2)　通信を行うため必要最小のものであること。

3　運用許容時間

　無線局は、免許状に記載された運用許容時間内でなければ、運用してはならない。ただし、5-1-1-1に掲げる通信を行う場合及び総務省令で定める場合は、この限りでない（法55条）。

5-1-1-3　混信の防止

　無線局は、次のものに対し、その運用を阻害するような混信その他の妨害を与えないように運用しなければならない。ただし、遭難通信、緊急通信、安全通信及び非常通信については、人命及び財貨の保全のための重要な通信であるため、混信等の妨害を与える場合であっても運用することができる（法56条１項）。

①　他の無線局

②　電波天文業務（宇宙から発する電波の受信を基礎とする天文学のための当該電波の受信の業務をいう。）の用に供する受信設備その他の総務省令で定める受信設備（無線局のものを除く。）で総務大臣が指定するもの

　（注）　自然科学研究機構、名古屋大学及び東北大学の受信設備が指定されて

いる。

5-1-1-4 秘密の保護

何人も法律に別段の定めがある場合を除くほか、特定の相手方に対して行われる無線通信を傍受してその存在若しくは内容を漏らし、又はこれを窃用してはならない（法59条）。

法律に別段の定めがある場合に該当するものは、犯罪捜査のための通信傍受に関する法律に定める場合及び犯罪捜査の場合における通信原書の押収（刑事訴訟法第100条）の規定に該当する場合等がある。

(注)「傍受」とは、積極的な意思をもって、自己に宛てられていない無線通信を受信すること。

「窃用」とは、知ることのできた秘密を自己又は第三者の利益のために利用すること。

通信の秘密を侵してはならないことは、憲法において保障されているところであるが（憲法21条2項）、電波は空間を媒体としており、その性質は拡散性（ひろがる性質）を有し、広い地域に散在する多数の人や無線局等に同時に同じ内容の通信を送ることができる利点を有する反面、受信機があればその無線通信を傍受してその存在及び内容を容易に知ることができるので、無線通信の秘密の保護のために電波法にこのような規定が設けられている。

なお、無線局免許状には、前記の電波法第59条の条文が記載されている（資料4参照）。

〔参考〕 憲法第21条第2項：検閲はこれをしてはならない。通信の秘密はこれを侵してはならない。

5-1-1-5 擬似空中線回路の使用

無線局は、次に掲げる場合には、なるべく擬似空中線回路を使用しなければならない（法57条）。

① 無線設備の機器の試験又は調整を行うために運用するとき。

②　実験等無線局を運用するとき。

〔参考〕　擬似空中線回路：実際の空中線と等価の抵抗、インダクタンス及び静電
容量を有する回路で、供給エネルギーを電波として空間に輻射せずに回路内
で消費させるもの。他の無線局等に混信等の妨害を与えずに試験又は調整を
行うために使用される。

5-1-2　一般通信方法

5-1-2-1　無線通信の原則

無線局は、無線通信を行うときには、次のことを守らなければならない（運
用10条）。

①　必要のない無線通信は、これを行ってはならない。

②　無線通信に使用する用語は、できる限り簡潔でなければならない。

③　無線通信を行うときは、自局の識別信号を付して、その出所を明らか
にしなければならない。

④　無線通信は、正確に行うものとし、通信上の誤りを知ったときは、直
ちに訂正しなければならない。

5-1-2-2　業務用語

無線通信を簡潔にそして正確に行うためには、これに使用する業務用語等
を定める必要がある。また、その定められた意義で定められた手続どおりに
使用されるのでなければその目的を達成することができない。このため無線
局運用規則は、次のように規定している。

1　無線電話による通信（「無線電話通信」という。）の業務用語には、無線
局運用規則別表第4号に定める略語（資料13参照）を使用するものとし、
この略語と同意義の他の語辞を使用してはならない（運用14条1項、2項）。

なお、無線電話通信においては、無線局運用規則別表第2号に定める無
線電信通信の略符号（Q符号等）も使用することができる。ただし、「QRT」、
「QUM」、「QUZ」、「$\overline{\text{DDD}}$」、「$\overline{\text{SOS}}$」、「TTT」及び「XXX」を使用しては

ならない（運用14条 2 項）。

2　航空移動業務の無線電話通信において固有の名称、略符号、数字、つづ
りの複雑な語辞等を 1 字ずつ区切って送信する場合及び航空移動業務の航
空交通管制に関する無線電話通信において数字を送信する場合には、無線
局運用規則別表第 5 号に定める通話表（資料14参照）を使用しなければな
らない（運用14条 3 項）。

3　航空移動業務及び航空移動衛星業務の無線電話による国際通信において
は、なるべく国際民間航空機関が定める略語及び符号を使用するものとす
る（運用14条 6 項）。

〔参考 1〕　通報の送信速度

1　無線電話通信における通報の送信は、語辞を区切り、かつ、明瞭に発音し
て行わなければならない（運用16条 1 項）。

2　遭難通信、緊急通信又は安全通信に係る通報の送信速度は、受信者が筆記
できる程度のものでなければならない（運用16条 2 項）。

〔参考 2〕　無線電話通信に対する準用

無線電話通信の方法については、海上移動業務における呼出し（運用20条 2 項）
その他特に規定があるものを除くほか、無線電信の方法に関する規定を準用す
る（運用18条 1 項）。

5-1-2-3　発射前の措置

1　無線局は、相手局を呼び出そうとするときは、電波を発射する前に、受
信機を最良の感度に調整し、自局の発射しようとする電波の周波数その他
必要と認める周波数によって聴守し、他の通信に混信を与えないことを確
かめなければならない。ただし、遭難通信、緊急通信、安全通信及び非常
の場合の無線通信を行う場合並びに海上移動業務及び航空移動業務以外の
業務で他の通信に混信を与えないことが確実である電波によって通信を行
う場合は、この限りでない（運用19条の 2・1 項、18条 2 項）。

2　1 の場合において、他の通信に混信を与えるおそれがあるときは、その

通信が終了した後でなければ呼出しをしてはならない（運用19条の2・2項）。

5-1-2-4　連絡設定の方法
1　呼出方法
(1)　呼出しの方法

　　航空移動業務における無線電話による呼出しは、次の事項（以下「呼出事項」という。）を順次送信して行う（運用20条1項、154条の2）。

(ア)　相手局の呼出名称（又は呼出符号）　　　3回以下

(イ)　自局の呼出名称（又は呼出符号）　　　　3回以下

(2)　呼出しの中止

　　無線局は、自局の呼出しが他の既に行われている通信に混信を与える旨の通知を受けたときは、直ちにその呼出しを中止しなければならない（運用22条1項）。

　　上記の通知をする無線局は、その通知をするに際し、分で表す概略の待つべき時間を示さなければならない（運用22条2項）。

(3)　呼出しの反復

　　航空機局は、航空局に対する呼出しを行っても応答がないときは、少なくとも10秒間の間隔を置かなければ、呼出しを反復してはならない（運用154条の3）。

(4)　周波数の通知

　　二以上の電波の周波数で聴守している航空局を呼び出すときは、呼出しに引き続き、当該呼出しに使用した電波の周波数を通知するものとする。ただし、その必要がないと認める場合は、この限りでない（運用155条）。

2　応答方法
(1)　無線局は、自局に対する呼出しを受信したときは、直ちに応答しなければならない（運用23条1項）。

(2) 応答の方法

　　航空移動業務における無線電話による呼出しに対する応答は、次の事項（以下「応答事項」という。）を順次送信して行う（運用23条2項、18条2項、154条の2）。

　(ｱ)　相手局の呼出名称（又は呼出符号）　　　　1回

　(ｲ)　自局の呼出名称（又は呼出符号）　　　　　1回

(3)　(2)の応答に際して、直ちに通報を受信しようとするときは、応答事項の次に、

　　「どうぞ」

を送信する。ただし、直ちに通報を受信することができない事由があるときは、「どうぞ」の代わりに、

　　「……分間（分で表す概略の待つべき時間）お待ちください」

を送信する。この場合、概略の待つべき時間が10分（海上移動業務の無線局と通信する航空機局に係る場合は5分）以上のときは、その理由を簡単に送信しなければならない（運用23条3項、18条2項）。

(4)　受信状態の通知

　　受信する場合において、特に必要があるときは、自局の呼出名称の次に「感度」及び強度を表す数字又は「明瞭度」及び明瞭度を表す数字を送信するものとする（運用23条4項）。

〔参考〕　感度及び明瞭度の表示（運用14条2項、別表2号）

〔感度〕	〔明瞭度〕
1．ほとんど感じません。	1．悪いです。
2．弱いです。	2．かなり悪いです。
3．かなり強いです。	3．かなり良いです。
4．強いです。	4．良いです。
5．非常に強いです。	5．非常に良いです。

(5)　通報の有無の通知

　　呼出し又は応答の際に、相手局に送信すべき通報の有無を知らせる必

要があるときは、呼出事項又は応答事項の次に次の事項を送信する（運
用24条1項2項）。

　「通報があります」（送信すべき通報がある場合、必要の場合通数を付
す。）又は、

　「通報はありません」（送信すべき通報がない場合）

5-1-2-5　不確実な呼出しに対する応答

1　無線局は、自局に対する呼出しであることが確実でない呼出しを受信し
　たときは、その呼出しが反復され、かつ、自局に対する呼出しであること
　が確実に判明するまで応答してはならない（運用26条1項）。

2　自局に対する呼出しを受信したが、呼出局の呼出名称が不確実であると
　きは、応答事項のうち相手局の呼出名称の代わりに、

　　「誰かこちらを呼びましたか」

　を使用して、直ちに応答しなければならない（運用26条2項）。

〔例〕「誰かこちらを呼びましたか　JA5683」

5-1-2-6　周波数の変更方法

1　混信の防止その他の事情によって通常通信電波（注）以外の電波を用い
　ようとするときは、呼出し又は応答の際に呼出事項又は応答事項の次に、
　次の事項を順次送信して通知する。ただし、用いようとする電波の周波数
　があらかじめ定められているときは、その電波の周波数の送信を省略する
　ことができる（運用27条）。

　　「こちらは……（周波数）に変更します」又は「そちらは……（周波数）
　に変えてください」　　　　　　　　　　　　　　　　　　　　　　1回

　（注）　通常通信電波とは、通報の送信に通常用いる電波をいう（運用2条）。

2　1の通知に同意するときは、応答事項の次に次の事項を順次送信する（運
　用28条1項）。

　(1)　「こちらは……（周波数）を聴取します」　　　　　　　　　　1回

(2) 「どうぞ」（直ちに通報を受信しようとする場合に限る。） 1回

3 2の場合において、相手局の用いようとする電波の周波数によっては受信ができないか又は困難であるときは、2の(1)の事項に代えて、次の事項を順次送信し、相手局の同意を得た後「どうぞ」を送信する（運用28条2項）。

「そちらは……（周波数）に変えてください」 1回

5-1-2-7　通報の送信方法
1　通報の送信方法
(1) 呼出しに対して応答を受けたときは、相手局が「お待ちください」を送信した場合及び呼出しに使用した電波以外の電波に変更する場合を除き、直ちに通報の送信を開始するものとする（運用29条1項）。

(2) 通報の送信は、次に掲げる事項を順次送信して行う。ただし、呼出しに使用した電波と同一の電波により送信する場合は、ア及びイに掲げる事項の送信を省略することができる（運用29条2項、154条の2）。

ア　相手局の呼出名称（又は呼出符号） 1回

イ　自局の呼出名称（又は呼出符号） 1回

ウ　通報

エ　どうぞ 1回

(3) 通報の送信は、「終り」の略語を送信して終るものとする（運用29条3項）。

2　長時間の送信
無線局は、長時間継続して通報を送信するときは、30分ごとを標準として適当に「こちらは」及び自局の呼出名称（又は呼出符号）を送信しなければならない（運用30条）。

3　誤った送信の訂正
送信中において誤った送信をしたことを知ったときは、「訂正」又は「CORRECTION」を前置して、正しく送信した適当の語字から更に送信しなければならない（運用31条）。

4　通報の反復

(1)　相手局に対して通報の反復を求めようとするときは、「反復」の次に反復する箇所を示すものとする（運用32条）。

(2)　送信した通報を反復して送信するときは、1字若しくは1語ごとに反復する場合又は略符号を反復する場合を除いて、その通報の各通ごと又は1連続ごとに「反復」を前置するものとする（運用33条）。

5-1-2-8　通報の送信の終了、受信証及び通信の終了

1　通報の送信の終了

通報の送信を終了し、他に送信すべき通報がないことを通知しようとするときは、送信した通報に続いて、次の事項を順次送信するものとする（運用36条）。

(1)　こちらは、そちらに送信するものがありません

(2)　どうぞ

2　受信証

航空移動業務における無線電話通信においては、通報を確実に受信した場合の受信証の送信は、次の区別に従い、それぞれに掲げる事項を送信して行うものとする（運用166条）。

(1)　航空機局の場合

　　　自局の呼出符号又は呼出名称　　　　　　　　　　　　　1回

(2)　航空局の場合

　ア　相手局が航空機局であるとき

　　　相手局の呼出符号又は呼出名称

　　　（必要がある場合は、自局の呼出符号又は呼出名称1回を付する。）

　　　　　　　　　　　　　　　　　　　　　　　　　　　　　1回

　イ　相手局が航空局であるとき

　　　自局の呼出符号又は呼出名称　　　　　　　　　　　　　1回

3 通信の終了

通信が終了したときは、「さようなら」を送信するものとする。ただし、海上移動業務以外の業務においては、これを省略することができる（運用38条）。

5-1-2-9 試験電波の発射

1 試験電波を発射する前の注意

無線局は、無線機器の試験又は調整のため電波の発射を必要とするときは、発射する前に自局の発射しようとする電波の周波数及びその他必要と認める周波数によって聴守し、他の無線局の通信に混信を与えないことを確かめなければならない（運用39条1項）。

2 試験電波の発射方法（航空移動業務）

1の聴守により他の無線局の通信に混信を与えないことを確かめた後、次の事項を順次送信する（運用39条1項、154条の2）。

(1) ただいま試験中　　　　　　　　　　　　　　　　3回
(2) 自局の呼出名称（又は呼出符号）　　　　　　　　3回

更に1分間聴守を行い、他の無線局から停止の請求がない場合に限り、次の事項を送信しなければならない。

(3) 「本日は晴天なり」の連続
(4) 自局の呼出名称（又は呼出符号）　　　　　　　　1回

上記の場合において「本日は晴天なり」の連続及び自局の呼出名称（又は呼出符号）の送信は、10秒間をこえてはならない（運用39条1項、154条の2）。

3 試験電波発射中の注意及び発射の中止

(1) 試験又は調整中は、しばしばその電波の周波数により聴守を行い、他の無線局から停止の要求がないかどうかを確かめなければならない（運用39条2項）。
(2) 他の既に行われている通信に混信を与える旨の通知を受けたときは、直ちにその発射を中止しなければならない（運用22条1項）。

5-2　航空移動業務及び航空移動衛星業務

5-2-1　通則
　航空移動業務の通信は、航空機と航空交通管制機関との間で行う航空管制通信、航空運送事業に従事する航空機が航空会社との間で行う運航管理通信、航空機使用事業に従事する航空測量や農薬散布等を行う航空機と運航会社との間で行う航空業務通信その他自家用航空機が飛行援助用の航空局（フライトサービス）との間で行う通信等がある。
　これらの通信を円滑に実施するために運用義務時間、聴守義務その他必要な事項が規定されている。

5-2-1-1　航空機局の運用
　航空機局の運用は、その航空機の航行中及び航行の準備中に限る。ただし、次の場合は、その航空機が航行中又は航行の準備中以外でも運用することができる（法70条の2・1項、施行37条、運用142条）。
① 　受信装置のみを運用するとき。
② 　遭難通信、緊急通信、安全通信、非常通信、放送の受信又は無線機器の試験若しくは調整のための通信を行うとき。
③ 　無線通信によらなければ他に連絡手段がない場合であって、急を要する通報を航空移動業務の無線局に送信するとき。
④ 　総務大臣又は総合通信局長が行う無線局の検査に際してその運用を必要とするとき。

5-2-1-2　航空局の指示に従う義務
1 　航空局は、航空機局から自局の運用に妨害を受けたときは、妨害している航空機局に対して、その妨害を除去するために必要な措置をとることを求めることができる（法70条の2・2項）。
2 　航空機局は、航空局と通信を行う場合において、通信の順序若しくは時

刻又は使用電波の型式若しくは周波数について、航空局から指示を受けた
ときは、その指示に従わなければならない（法70条の2・3項）。

5-2-1-3　聴守義務

1　航空局等の場合

(1)　航空局は、その運用義務時間（無線局を運用しなければならない時間
をいう。）中は、電波の型式 A3E 又は J3E で、別に告示（注）で定め
る周波数で聴守しなければならない（法70条の4、運用146条1項）。

　　（注）　航空局の聴守電波の周波数は、次に掲げるもののうち当該航空局に指
　　　　定されたものとする。

　　　　118.0MHz から 137.0MHz までの 25kHz 間隔の周波数

　　　　（単側波帯の 28MHz 以下の周波数を送信に使用するものは掲載省略）（平
　　　　成3年告示第46号抜粋要約）

(2)　航空地球局は、その運用義務時間中は、電波の型式は、G1D又は
G7Wで、別に告示で定める周波数で聴守しなければならない（法70条の
4、運用146条2項）。

2　義務航空機局の場合

(1)　義務航空機局は、その運用義務時間中は、電波の型式 A3E 又は J3E
で、次に掲げる周波数で聴守しなければならない（法70条の4、運用146
条3項要約）。

　ア　航行中の航空機の義務航空機局

　　①　121.5MHz

　　②　当該航空機が航行する区域の責任航空局（当該航空機の航空交通
　　　管制に関する通信について責任を有する航空局をいう。）が指示す
　　　る周波数

　イ　航空法第96条の2（航空交通情報入手のための連絡）第2項の規定
　　の適用を受ける航空機の義務航空機局

　　　交通情報航空局（航空法施行規則第202条の4の規定による航空交

通情報の提供に関する通信を行う航空局をいう。）が指示する周波数

(2)　責任航空局及びその責任に係る区域並びに交通情報航空局及びその情報の提供に関する通信を行う区域は、告示（注）する（運用146条4項）。

　　（注）　責任航空局及びその責任に係る区域並びに航空情報航空局及びその情報提供に関する通信を行う区域（平成17年告示第1095号）

　　　1　責任航空局

(1)　福岡国際航空局	福岡飛行情報区（FUKUOKA FIR）のうち(2)に定める空域以外の空域
(2)　(1)に掲げる航空局以外の航空交通管制の用に供する航空局	当該航空局の属する航空交通管制の機関が管制する空域

　　　2　交通情報航空局

　　　　当該航空局の属する航空法施行規則第202条の4の規定による航空交通情報の提供に関する業務を行う機関が情報提供を行う空域

　　（注）　航空法第96条の2及び航空法施行規則第202条の4（資料23参照）。

3　航空機地球局の場合

　航空機地球局は、その運用義務時間中は、電波の型式G1D、G7D、G7W、D7W又はQ7Wで、別に告示で定める周波数で聴守しなければならない（運用70条の4、146条5項）。

4　聴守を要しない場合

　航空局、義務航空機局、航空地球局及び航空機地球局が聴守を要しない場合は、次のとおりとする（法70条の4、運用147条）。

(1)　航空局については、現に通信を行っている場合で聴守することができないとき。

(2)　義務航空機局については、責任航空局又は交通情報航空局がその指示した周波数の電波の聴守の中止を認めたとき又はやむを得ない事情により2(1)アの121.5MHzの電波の聴守をすることができないとき。

(3)　航空地球局については、航空機の安全運航又は正常運航に関する通信を取り扱っていない場合

(4) 航空機地球局については、次の場合

　ア　航空機の安全運航又は正常運航に関する通信を取り扱っている場合は、現に通信を行っている場合で聴守することができないとき。

　イ　航空機の安全運航又は正常運航に関する通信を取り扱っていない場合

5-2-1-4　運用義務時間

1　義務航空機局及び航空機地球局の場合

(1) 義務航空機局の運用義務時間は、その航空機の航行中常時とする（法70条の3・1項、運用143条1項）。

(2) 航空機地球局の運用義務時間は、次のとおりとする（法70条の3・1項、運用143条2項）。

　ア　航空機の安全運航又は正常運航に関する通信を行うものについては、その航空機が別に告示（注）する区域を航行中常時

　イ　アの通信を行わないものについては、運用可能な時間

　(注)　航空機地球局がその航行中常時運用することを要する区域

（平成16年告示第286号）

　　航空機地球局の開設される航空機が水平飛行を行っている状態において、当該航空機地球局のアンテナ仰角が、国際移動通信衛星機構が監督する法人が太平洋上空に開設する人工衛星局又は国土交通省が開設する人工衛星局に対して5度以上となる区域

2　航空局及び航空地球局の場合

　航空局及び航空地球局は、常時運用しなければならない。ただし、別に告示（注）する場合は、この限りでない（法70条の3・2項、運用144条）。

　(注)　航空局及び航空地球局が常時運用することを要しない場合

（平成16年告示第176号）

　1　航空交通管制に関する通信を取り扱わない航空局の場合

　2　航空交通管制に関する事務が一定の時間行われないことになっている航

空交通管制の機関に属する航空局の場合

3　航空機の安全運航又は正常運航に関する通信を行っていない航空地球局の場合

5-2-1-5　運用中止等の通知

1　義務航空機局は、その運用を中止しようとするときは、5-2-1-6の航空局に対し、その旨及び再開の予定時刻を通知しなければならない。その予定時刻を変更しようとするときも、同様とする（運用148条1項）。

2　1の航空機局は、その運用を再開したときは、1の航空局にその旨を通知しなければならない（運用148条2項）。

5-2-1-6　航空機局の通信連絡

1　航空機局は、その航空機の航行中は、責任航空局又は交通情報航空局（ただし、航空交通管制に関する通信を取り扱う航空局で他に適当なものがあるときは、その航空局）と連絡しなければならない（法70条の5、運用149条1項）。

2　責任航空局に対する連絡は、やむを得ない事情があるときは、他の航空機局を経由して行うことができる（運用149条2項）。

3　交通情報航空局に対する連絡は、やむを得ない事情があるときは、これを要しない（運用149条3項）。

5-2-1-7　通信の優先順位

1　航空移動業務及び航空移動衛星業務における通信の優先順位は、次の順序によるものとする（運用150条1項）。

(1)　遭難通信

(2)　緊急通信

(3)　無線方向探知に関する通信

(4)　航空機の安全運航に関する通信（参考の1参照）

(5) 気象通報に関する通信（(4)に掲げるものを除く。）

(6) 航空機の正常運航に関する通信（参考の2参照）

(7) (1)から(6)までの通信以外の通信

2 ノータム（航空施設、航空業務、航空方式又は航空機の航行上の障害に関する事項で、航空機の運行関係者に迅速に通知すべきものを内容とする通報をいう。）に関する通信は、緊急の度に応じ、緊急通信に次いでその順位を適宜に選ぶことができる（運用150条2項）。

〔参考〕

　1　航空機の安全運航に関する通信の通報（運用150条3項、別表12号）

　　(1)　航空機の移動及び航空交通管制に関する通報

　　　ア　飛行計画通報

　　　イ　変更及び調整に関する通報

　　　　① 出発通報

　　　　② 遅延通報

　　　　③ 到着通報

　　　　④ 境界到着予定通報

　　　　⑤ 飛行計画変更通報

　　　　⑥ 管制の調整に関する通報

　　　　⑦ 管制の受諾に関する通報

　　　ウ　飛行計画取消通報

　　　エ　管制承認通報

　　　オ　管制の移管に関する通報

　　　カ　補足飛行計画の要求に関する通報

　　　キ　位置報告の通報

　　(2)　航行中の航空機に関し、急を要する通報（当該航空機を運行する者から発し又は航空機局の送信するものに限る。）

　　(3)　航行中又は出発直前の航空機に関し、急を要する気象情報

　　(4)　その他航行中又は出発直前の航空機に関する通報

2　航空機の正常運航に関する通信の通報（運用150条 3 項、別表12号）

(1)　航空機の運航計画の変更に関する通報

(2)　航空機の運航に関する通報

(3)　運航計画の変更に基づく旅客及び乗員の要件の変更に関する通報（当該航空機を運行する者にあてるものに限る。）

(4)　航空機の予定外の着陸に関する通報

(5)　至急に入手すべき航空機の部分品及び材料に関する通報

(6)　航空機の安全運航又は正常運航に関して必要な施設の運用又は保守に関する通報

5-2-1-8　航空機局の機器の調整のための通信の求めに応ずる義務

　航空局又は航空機局は、他の航空機局から無線設備の機器の調整のための通信を求められたときは、支障のない限り、これに応じなければならない（法70条の 6 、69条）。

5-2-2　通信方法
5-2-2-1　周波数等の使用区別

　航空移動業務に使用する電波の型式及び周波数の使用区別は、特に指示された場合を除くほか、別に告示（資料15参照）するところによるものとする（運用152条）。

5-2-2-2　各局及び特定局あて同報

1　各局あて同報

(1)　通信可能の範囲内にあるすべての無線局にあてる通報を同時に送信しようとするときは、無線局運用規則第20条（5-1-2-4の 1 の(1)）及び第29条第 2 項（5-1-2-7の 1 の(2)）の規定にかかわらず次に掲げる事項を順次送信して行う（運用59条 1 項、154条の 2 、167条）。

ア　各局　　　　　　　　　　　　　　　3 回以下

　　イ　自局の呼出名称（又は呼出符号）　　　3回以下

　　ウ　通報の種類　　　　　　　　　　　　　1回

　　エ　通報　　　　　　　　　　　　　　　　2回以下

　(2)　(1)のエの通報を呼出しに使用した電波以外の電波に変更して送信する場合には、無線局運用規則第63条第2項第2号の規定を準用する（運用59条2項、167条）。

　2　特定局あて同報

　(1)　通信可能の範囲内にある二以上の特定の無線局にあてる通報を同時に送信しようとするときは、無線局運用規則第20条（5-1-2-4の1の(1)）及び第29条第2項（5-1-2-7の1の(2)）の規定にかかわらず次に掲げる事項を順次送信して行う（運用60条1項、154条の2、167条）。

　　ア　各局　　　　　　　　　　　　　　　　3回以下

　　イ　相手局の呼出名称（又は呼出符号）　　それぞれ2回以下

　　　　又は識別符号（特定の無線局を一括

　　　　して表示する符号であって、別に告

　　　　示するものをいう。）　　　　　　　　2回以下

　　ウ　自局の呼出名称（又は呼出符号）　　　3回以下

　　エ　通報　　　　　　　　　　　　　　　　2回以下

　(2)　(1)のエの通報を呼出しに使用した電波以外の電波に変更して送信する場合には、無線局運用規則第63条第2項第2号の規定を準用する（運用60条2項、167条）。

5-2-2-3　航空局の閉局の通知等

　航空局は、閉局しようとするときは、通信可能の範囲内にあるすべての航空機局に対し、その旨を通知しなければならない。この場合において、次の開局予定時刻が定時以外であるときは、その予定時刻を併せて通知しなければならない。また、この通知の結果、運用時間の延長について航空機局から要求を受けたときは、その要求する時間運用しなければならない（運用145

条1項、2項)。

5-2-2-4　121.5MHz の周波数の電波の使用制限

　121.5MHz の周波数の電波の使用は、次に掲げる場合に限る（運用153条)。

1　急迫の危険状態にある航空機の航空機局と航空局との間に通信を行う場合で、通常使用する電波が不明であるとき又は他の航空機局のために使用されているとき。

2　捜索救難に従事する航空機の航空機局と遭難している船舶の船舶局との間に通信を行うとき。

3　航空機局相互間又はこれらの無線局と航空局若しくは船舶局との間に共同の捜索救難のための呼出し、応答又は準備信号の送信を行うとき。

4　121.5MHz 以外の周波数の電波を使用することができない航空機局と航空局との間に通信を行うとき。

5　無線機器の試験又は調整を行う場合で、別に告示（注）する方法により試験信号の送信を行うとき。

6　1から5までの場合を除くほか、急を要する通信を行うとき。

　（注）　121.5MHz の周波数の電波を使用する試験信号の送信を行う方法

（平成17年告示第1096号)

　(1)　試験信号の送信は、墜落などの衝撃により自動的に電波を発射する航空機用救命無線機の試験又は調整を行う場合に限り行うものであること。

　(2)　試験信号の送信は、毎時0分から5分までの間に限り行うものとし、その送信時間は、5秒以内かつ必要最小限であること。

　(3)　(1)及び(2)の規定により試験信号の送信を行う者は、次に掲げる事項を国土交通省、防衛省及び総務省（以下「関係機関」という。)に事前に連絡しなければならない。

　　①　送信場所

　　②　送信日時

　　③　送信時間

74

④ (1)に規定する無線機を設置する航空機の国籍記号及び登録記号

⑤ 連絡先

⑥ その他関係機関から指定された事項

5-2-2-5 使用電波の指示

1 責任航空局は、自局と通信する航空機局に対し、5-2-2-1の周波数等の使用区別の範囲内において、当該通信に使用する電波の指示をしなければならない。ただし、周波数等の使用区別により当該航空機局の使用する電波が特定している場合は、この限りでない（運用154条1項）。

2 交通情報航空局は、自局と通信する航空法第96条の2第2項（同法第96条第6項の規定により準用する場合を含む。）の規定の適用を受ける航空機の航空機局に対し、5-2-2-1の周波数等の使用区別の範囲内において、当該通信に使用する電波の指示をしなければならない。ただし、同条の使用区別により当該航空機局の使用する電波が特定している場合は、この限りでない（運用154条2項）。

3 航空機局は、1又は2により責任航空局又は交通情報航空局から指示された電波によることを不適当と認めるときは、その責任航空局又は交通情報航空局に対し、その指示の変更を求めることができる（運用154条3項）。

（注） 航空法第96条の2（資料23参照）

5-2-2-6 連絡設定ができない場合の措置

1 責任航空局の措置

(1) 航空無線電話通信網（注）に属する責任航空局は、航空機局に対し、第1周波数の電波による呼出しを行っても応答がないときは、更に第2周波数の電波による呼出しを行うものとし、この呼出しに対してもなお応答がないときは、通信可能の範囲内にある他の航空局又は航空機局に対し、当該航空機局との間の通信の疎通に関し、協力を求めるものとする（運用156条1項）。

（注）　資料 1　用語の定義(46)参照

(2)　(1)により協力を求められた航空局又は航空機局は、速やかに当該航空機局に対する呼出しその他適当な措置をしなければならない（運用156条 2 項）。

(3)　(1)の航空無線電話通信網に属する責任航空局は、航空機局と連絡設定ができないときは、航空交通管制の機関及び当該航空機を運行する者に対し、その旨を速やかに通知しなければならない。通知した後に連絡設定ができた場合も、同様とする（運用156条 3 項）。

(4)　航空無線電話通信網に属しない責任航空局が航空機局を呼び出す場合は、(1)〜(3)の措置を準用する（運用156条 4 項）。

2　航空機局の措置

航空機局が航空無線電話通信網に属する責任航空局を呼び出す場合は、1 の(1)及び(2)の措置を準用する（運用156条 5 項）。

5-2-2-7　呼出符号の使用の特例

1　簡易な識別表示の使用

航空局又は航空機局は、連絡設定後であって混同のおそれがないときは、当該航空機局の呼出符号又は呼出名称に代えて、総務大臣が別に告示（注）する簡易な識別表示を使用することができる。ただし、航空機局は、航空局から当該識別表示により呼出しを受けた後でなければこれを使用することができない（運用157条）。

（注）　航空機局の簡易な識別表示（昭和43年郵政省告示第670号）

①　5 文字で構成される呼出符号の最初の 1 字に終りの 2 字を付加したもの

②　航空法による国籍記号及び登録記号で構成する呼出名称の最初の 1 字に終りの 3 字を付加したもの

2　呼出符号等の送信の省略

無線電話通信においては、連絡設定後であって混同のおそれがないときは、当該連絡設定に係る通信の継続中における呼出符号又は呼出名称の送

信を省略することができる（運用158条）。

3　略語の送信の省略

　　無線電話通信においては、連絡設定後であって混乱のおそれがないときは、次の略語の送信を省略することができる（運用159条）。

⑴　お待ちください

⑵　おわりどうぞ

⑶　了解

⑷　こちらは

⑸　⑴から⑷までの略語に相当する他の略語

5-2-2-8　通報送信の特例

　無線電話通信においては、相手局が受信していることが確実であるときは、相手局の応答を待たないで通報を送信することができる（運用160条）。

5-2-2-9　一方送信

1　責任航空局の場合

　　責任航空局は、5-2-2-6の1の⑴及び⑷により、通信可能の範囲内にある他の航空局又は航空機局に対し協力を求めてもなお航空機局との連絡設定ができないときは、特に支障がある場合を除くほか、第1周波数及び第2周波数の電波（航空無線電話通信網に属しない責任航空局にあっては、当該航空機局との間の通信に最後に使用した電波）を使用して一方送信（注）により通報を送信するものとする（運用161条1項）。

　　　（注）　一方送信とは、連絡設定ができない場合において、相手局に対する呼出しに引き続いて行う一方的な通報の送信をいう（運用161条1項）。

2　航空機局の場合

⑴　航空機局が航空無線電話通信網に属する責任航空局との連絡設定ができない場合は、1の方法を準用して一方送信により通報を送信するものとする（運用161条2項）。

(2)　航空機局は、その受信設備の故障により責任航空局と連絡設定ができ
ない場合で一定の時刻又は場所における報告事項の通報があるときは、
当該責任航空局から指示されている電波を使用して一方送信により当該
通報を送信しなければならない（運用162条 1 項）。

　　なお、この場合に、無線電話により一方送信を行うときは、「受信設
備の故障による一方送信」の略語又はこれに相当する他の略語を前置し、
当該通報を反復して送信し、この送信に引き続き、次の通報の送信予定
時刻を通知するものとする（運用162条 2 項）。

5-2-3　遭難通信
5-2-3-1　意義

　遭難通信とは、船舶又は航空機が重大かつ急迫の危険に陥った場合に遭難
信号を前置する方法その他総務省令で定める方法により行う無線通信をいう
（法52条 1 号）。

　重大かつ急迫の危険に陥った場合とは、航空機においては墜落、衝突、火
災その他の事故に遭い、自力によって人命及び財貨の保全ができないような
場合をいう。

5-2-3-2　遭難通信の保護、特則、通信方法及び取扱いに関する事項
1　遭難通信の保護、特則

(1)　航空局、航空地球局、航空機局及び航空機地球局（以下「航空局等」
という。）は、遭難通信を受信したときは、他の一切の無線通信に優先
して、直ちにこれに応答し、かつ、遭難している船舶又は航空機を救助
するため最も便宜な位置にある無線局に対して通報する等救助の通信に
関し最善の措置をとらなければならない（法66条 1 項、70条の 6・2 項）。

(2)　無線局は、遭難信号又は電波法第52条第 1 号の総務省令で定める方法
により行われる無線通信を受信したときは、遭難通信を妨害するおそれ
のある電波の発射を直ちに中止しなければならない（法66条 2 項、70条

の6・2項)。

(3) このように遭難通信については、絶対的な優先順位で、かつ、最善の措置をとることが定められているが、これに基づき、次のような特則が規定されている。

　　ア　免許状に記載された目的、通信の相手方又は通信事項の範囲を超え、また、運用許容時間外においてもこの通信を行うことができる（法52条、55条）。

　　イ　免許状に記載された電波の型式及び周波数、空中線電力等の範囲を超えて通信を行うことができる（法53条、54条）。

　　ウ　他の無線局等にその運用を阻害するような混信その他の妨害を与えても通信を行うことができる（法56条1項）。

2　遭難通信の使用電波等

(1) 遭難航空機局が遭難通信に使用する電波は、責任航空局又は交通情報航空局から指示されている電波がある場合にあっては当該電波、その他の場合にあっては航空機局と航空局との間の通信に使用するためにあらかじめ定められている電波とする。ただし、当該電波によることができないか又は不適当であるときは、この限りでない（運用168条1項）。

(2) (1)の電波は、遭難通信の開始後において、救助を受けるため必要と認められる場合に限り、変更することができる。この場合においては、できる限り当該電波の変更についての送信を行わなければならない（運用168条2項）。

(3) 遭難航空機局は、(1)の電波を使用して遭難通信を行うほか、J3E 電波 2,182kHz 又は F3E 電波 156.8MHz を使用して遭難通信を行うことができる（運用168条3項）。

3　責任者の命令

航空機地球局における遭難呼出し、遭難通報の送信、緊急通信等は、その航空機の責任者の命令がなければ行うことができない（運用177条3項、71条1項）。

4　遭難通報のあて先

　航空機局が無線電話により送信する遭難通報（海上移動業務の無線局に
あてるものを除く。）は、当該航空機局と現に通信を行っている航空局、
責任航空局又は交通情報航空局その他適当と認める航空局にあてるものと
する。ただし、状況により、必要があると認めるときは、あて先を特定し
ないことができる（運用169条）。

5　遭難通報の送信事項等

(1)　航空機局又は航空機地球局が無線電話により送信する遭難通報は、遭
　難信号（「遭難」又は「メーデー」）（なるべく3回）に引き続き、でき
　る限り、次に掲げる事項を順次送信して行うものとする。ただし、遭難
　航空機局又は遭難航空機地球局以外の航空機局又は航空機地球局が送信
　する場合には、その旨を明示して、次に掲げる事項と異なる事項を送信
　することができる（運用170条1項、2項）。

　　ア　相手局の呼出符号又は呼出名称（遭難通報のあて先を特定しない場
　　　合を除く。）

　　イ　遭難した航空機の識別又は遭難航空機局又は遭難航空機地球局の呼
　　　出符号若しくは呼出名称

　　ウ　遭難の種類

　　エ　遭難した航空機の機長のとろうとする措置

　　オ　遭難した航空機の位置、高度及び針路

(2)　航空機用救命無線機の通報は、電波法施行規則第36条の2第1項第5
　号に定める方法により行うものとする（運用170条3項）。

6　遭難信号の前置

　無線電話による遭難信号（海上移動業務の無線局と通信を行う場合のも
のを除く。）は、5の場合を除くほか、必要に応じ、遭難通信に係る呼出
し及び通報の送信に前置するものとする（運用171条）。

7　遭難呼出し及び遭難通報の送信の反復

　遭難呼出し及び遭難通報の送信は、応答があるまで、必要な間隔をおい

て反復しなければならない（運用177条1項、81条）。

8 他の無線局の遭難警報の中継の送信等

　船舶又は航空機が遭難していることを知った航空機局、航空機地球局、航空局又は航空地球局は、次の各号に掲げる場合には、遭難警報の中継又は遭難通報を送信しなければならない（運用177条1項、78条1項）。

⑴　遭難航空機局又は遭難航空機地球局が自ら遭難警報又は遭難通報を送信することができないとき。

⑵　航空機、航空局又は航空地球局の責任者が救助につき更に遭難警報の中継又は遭難通報を送信する必要があると認めたとき。

9 遭難通報等を受信した場合の措置

⑴　遭難通報等を受信した航空局のとるべき措置（運用171条の3）

　ア　航空局は、自局をあて先として送信された遭難通報を受信したときは、直ちにこれに応答しなければならない。

　イ　航空局は、自局以外の無線局（海上移動業務の無線局を除く。）をあて先として送信された遭難通報を受信した場合において、これに対する当該無線局の応答が認められないときは、遅滞なく、当該遭難通報に応答しなければならない。ただし、他の無線局が既に応答した場合は、この限りでない。

　ウ　航空局は、あて先を特定しない遭難通報を受信したときは、遅滞なく、これに応答しなければならない。ただし、他の無線局が既に応答した場合にあっては、この限りでない。

　エ　航空局は、ア、イ及びウの規定により遭難通報に応答したときは、直ちに当該遭難通報を航空交通管制の機関に通報しなければならない。

　オ　航空局は、携帯用位置指示無線標識の通報、衛星非常用位置指示無線標識の通報又は航空機用救命無線機等の通報を受信したときは、直ちにこれを航空交通管制の機関に通報しなければならない。

⑵　遭難通報を受信した航空地球局のとるべき措置（運用171条の4）

　　航空地球局は、遭難通報を受信したときは、遅滞なく、これに応答し、
　かつ、当該遭難通報を航空交通管制の機関に通報しなければならない。
　(3)　遭難通報等を受信した航空機局のとるべき措置（運用171条の5）
　　　ア　航空機局は、自局以外の無線局（海上移動業務の無線局を除く。）
　　　　をあて先として送信された遭難通報を受信した場合において、これに
　　　　対する当該無線局の応答が認められないときは、遅滞なく、当該遭難
　　　　通報に応答しなければならない。ただし、他の無線局が既に応答した
　　　　場合は、この限りでない。
　　　イ　航空機局は、あて先を特定しない遭難通報を受信したときは、遅滞
　　　　なく、これに応答しなければならない。ただし、他の無線局が既に応
　　　　答した場合は、この限りでない。
　　　ウ　航空機局は、ア及びイの遭難通報に応答したときは、直ちに当該遭
　　　　難通報を航空交通管制の機関に通報しなければならない。
　　　エ　航空機局は、携帯用位置指示無線標識の通報、衛星非常用位置指示
　　　　無線標識の通報又は航空機用救命無線機等の通報を受信したときは、
　　　　直ちにこれを航空交通管制の機関に通報しなければならない。
10　遭難通報に対する応答
　　航空局又は航空機局は、遭難通報を受信した場合において、無線電話に
　よりこれに応答するときは、次に掲げる事項（遭難航空機局と現に通信を
　行っている場合は、(3)及び(4)に掲げる事項）を順次送信して応答しなけれ
　ばならない（運用172条）。
　　(1)　遭難通報を送信した航空機局の呼出符号又は呼出名称　　　1回
　　(2)　自局の呼出符号又は呼出名称　　　　　　　　　　　　　　1回
　　(3)　了解又はこれに相当する他の略語　　　　　　　　　　　　1回
　　(4)　遭難又はこれに相当する他の略語　　　　　　　　　　　　1回
11　遭難通報等に応答した航空局のとるべき措置
　　航空機の遭難に係る遭難通報に対し応答した航空局は、次に掲げる措置
　をとらなければならない（運用172条の3）。

(1)　遭難した航空機が海上にある場合には、直ちに最も迅速な方法により、救助上適当と認められる海岸局に対し、当該遭難通報の送信を要求すること。

(2)　当該遭難に係る航空機を運行する者に遭難の状況を通知すること。

12　遭難通信の宰領

　　10により応答した航空局又は航空機局は、当該遭難通信の宰領を行い、又は適当と認められる他の航空局に当該遭難通信の宰領を依頼しなければならない（運用172条の2・1項）。

　　なお、この宰領を依頼した航空局又は航空機局は、遭難航空機局に対し、その旨を通知しなければならない（運用172条の2・2項）。

13　通信停止の要求

(1)　遭難航空機局及び遭難通信を宰領する無線局は、遭難通信を妨害し又は妨害するおそれのあるすべての通信の停止を要求することができる。この要求は、呼出事項（5-1-2-4の1）又は各局あて呼出事項（5-2-2-2の1(1)のア及びイの事項）の次に「シーロンス　メーデー」（又は「通信停止遭難」）を送信して行う（運用177条1項、85条1項、154条の2）。

　ア　相手局の呼出名称（又は呼出符号）又は各局　　　3回以下
　イ　自局の呼出名称（又は呼出符号）　　　　　　　3回以下
　ウ　シーロンス　メーデー（又は　通信停止遭難）

(2)　遭難している航空機の付近にある航空局又は航空機局は、必要と認めるときは、他の無線局に対し通信の停止を要求することができる。この要求は、呼出事項の次に「シーロンス　ディストレス」又は「通信停止遭難」の語及び自局の呼出符号又は呼出名称を送信して行う（運用177条1項、85条2項）。

(3)　「シーロンス　メーデー」（又は「通信停止遭難」）の送信は、(1)の場合に限る（運用177条1項、85条3項）。

14　一般通信の再開

　　遭難通信が終了したとき又は沈黙を守らせる必要がなくなったときは、

遭難通信を宰領した無線局は、遭難通信の行われた電波により、次の事項を順次送信して関係の無線局にその旨を通知しなければならない（運用177条1項、89条2項、154条の2）。

(1)　メーデー（又は「遭難」）	1回
(2)　各局	3回
(3)　自局の呼出符号又は呼出名称	1回
(4)　遭難通信の終了時刻又は沈黙を守らせる必要が 　　なくなった時刻	1回
(5)　遭難した航空機の名称又は識別	1回
(6)　遭難航空機局又は遭難航空機地球局の識別信号	1回
(7)　シーロンス　フィニィ（又は「遭難通信終了」）	1回
(8)　さようなら	1回

15　遭難通信実施中の一般通信の実施

　航空局又は航空機局であって、現に行われている遭難通信に係る呼出し、応答、傍受その他一切の措置を行うほか、一般通信を同時に行うことができるものは、その遭難通信が良好に行われており、かつ、これに妨害を与えるおそれがない場合に限り、その遭難通信に使用されている電波以外の電波を使用して一般通信を行うことができる（運用177条1項、90条）。

16　遭難通信の終了

(1)　遭難航空機局（遭難通信を宰領したものを除く。）は、その航空機について救助の必要がなくなったときは、遭難通信を宰領した無線局にその旨を通知しなければならない（運用173条）。

(2)　遭難通信を宰領した航空局又は航空機局は、遭難通信が終了したときは、直ちに航空交通管制の機関及び遭難に係る航空機を運行する者にその旨を通知しなければならない（運用174条）。

(3)　(2)の場合を除き、遭難通信が終了した場合又は沈黙を守らせる必要がなくなった場合において、遭難通信を宰領した航空局又は航空機局が関係の無線局にその旨を通知しようとするときは、当該遭難に係る救助に

関し責任のある機関の同意を得なければならない（運用174条の2）。

(4) 遭難した航空機が海上にある場合に、11の(1)の措置をとった航空局は、遭難通信が終了したときは、当該海岸局に対し遭難通信の終了に関する通報の送信を要求しなければならない（運用175条）。

5-2-4 緊急通信

5-2-4-1 意義

緊急通信とは、船舶又は航空機が重大かつ急迫の危険に陥るおそれがある場合その他緊急の事態が発生した場合に緊急信号を前置する方法その他総務省令で定める方法により行う無線通信をいう（法52条）。

この通信は、「船舶又は航空機が重大かつ急迫の危険に陥るおそれがある場合その他緊急の事態が発生した場合」に行われるという点で遭難通信と異なっている。緊急通信の行われる場合の具体例としては、次のものが挙げられる。

① 事故による重傷者又は急病人の手当てについて医療救助を求めるとき。

② 航空機内にある者の死傷又は行方不明あるいは航空機の安全阻害行為（ハイジャック）等により航空機内の人命が危険にさらされるおそれのあるとき。

5-2-4-2 緊急通信の特則、通信方法及び取扱いに関する事項

1 緊急通信の特則

(1) 航空局等は、遭難通信に次ぐ優先順位をもって、緊急通信を取り扱わなければならない（法70条の6・2項、67条・1項）。

(2) 航空局等は、緊急信号又は電波法第52条第2号の総務省令で定める方法により行われる無線通信を受信したときは、遭難通信を行う場合を除き、その通信が自局に関係のないことを確認するまでの間（無線電話による緊急通信を受信した場合には少なくとも3分間）継続してその緊急通信を受信しなければならない（法67条2項、70条の6・2項）。

(3) このように緊急通信は、遭難通信に次ぐ優先順位で取り扱うことのほか、次のような特則が規定されている。

　ア　免許状に記載された目的、通信の相手方又は通信事項の範囲を超えて、また、運用許容時間外においてもこの通信を行うことができる（法52条、55条）。

　イ　他の無線局（遭難通信を行っているものを除く。）等にその運用を阻害するような混信その他の妨害を与えてもこの通信を行うことができる（法56条1項）。

2　緊急通報の送信事項

(1) 無線電話による緊急通報（海上移動業務の無線局にあてるものを除く。）は、緊急信号（なるべく3回）に引き続き、できる限り、次に掲げる事項を順次送信して行うものとする（運用176条）。

　ア　相手局の呼出符号又は呼出名称（緊急通報のあて先を特定しない場合を除く。）

　イ　緊急の事態にある航空機の識別又はその航空機の航空機局の呼出符号若しくは呼出名称

　ウ　緊急の事態の種類

　エ　緊急の事態にある航空機の機長のとろうとする措置

　オ　緊急の事態にある航空機の位置、高度及び針路

　カ　その他必要な事項

(2) 緊急通報には、原則として普通語を使用しなければならない（運用177条1項、91条2項）。

3　緊急信号を受信した場合の措置

(1) 無線電話による緊急信号を受信した航空局又は航空機局は、緊急通信が行われないか又は緊急通信が終了したことを確かめた上でなければ再び通信を開始してはならない（運用177条1項、93条2項）。

(2) (1)の緊急通信が自局に対して行われるものでないときは、航空局又は航空機局は、緊急通信に使用している周波数以外の周波数の電波により

通信を行うことができる（運用177条1項、93条3項）。

4　緊急通報を受信した場合の措置

(1)　航空局又は航空機局は、自局に関係のある緊急通報を受信したときは、直ちにその航空局又は航空機の責任者に通報する等必要な措置をしなければならない（運用177条1項、93条4項）。

(2)　航空機の緊急の事態に係る緊急通報に対し応答した航空局又は航空機局は、次に掲げる措置（航空機局にあってはアの措置）をとらなければならない（運用176条の2）。

ア　直ちに航空交通管制の機関に緊急の事態の状況を通知すること。

イ　緊急の事態にある航空機を運行する者に緊急の事態の状況を通知すること。

ウ　必要に応じ、当該緊急通信の宰領を行うこと。

5　緊急通報の取消し

通信可能の範囲内にある各無線局に対し、無線電話により同時にあてた緊急通報であって、受信した無線局がその通報によって措置を必要とするものを送信した無線局は、その措置の必要がなくなったときは、直ちにその旨を関係の無線局に通知しなければならない。この場合の送信は、各局あて同報の送信方法によって行う（運用177条1項、94条、59条）。

6　緊急通信の使用電波等

緊急通信の使用電波、責任者の命令、緊急通報のあて先、緊急信号の前置及び緊急通報に対する応答については、遭難通信のそれぞれの場合の規定（5-2-3-2の2、3、6、9参照）が準用される（運用177条2項、3項）。

5-2-5　安全通信

5-2-5-1　意義

安全通信とは、船舶又は航空機の航行に対する重大な危険を予防するために安全信号を前置する方法その他総務省令で定める方法により行う無線通信をいう（法52条）。

5-2-5-2　安全通信の特則、通信方法及び取扱いに関する事項

　安全通信は、船舶又は航空機の航行の安全を確保するために、法令上次のような特別の取扱いがなされている。

(1)　無線局の免許状に記載された目的、通信の相手方又は通信事項の範囲を超えて、また、運用許容時間外においてもこの通信を行うことができる（法52条、55条）。

(2)　他の無線局（遭難通信又は緊急通信を行っているものを除く。）等にその運用を阻害するような混信その他の妨害を与えてもこの通信を行うことができる（法56条1項）。

5-3　固定業務及び陸上移動業務等

5-3-1　非常通信及び非常の場合の無線通信

5-3-1-1　意義

1　非常通信とは、地震、台風、洪水、津波、雪害、火災、暴動その他非常の事態が発生し、又は発生するおそれがある場合において、有線通信を利用することができないか又はこれを利用することが著しく困難であるときに人命の救助、災害の救援、交通通信の確保又は秩序の維持のために行われる無線通信をいい（法52条）、この通信はすべての無線局が自主的な判断に基づいて行うことができるものである。

2　一方、有線通信の利用のいかんにかかわらず、総務大臣は、地震、台風、洪水、津波、雪害、火災、暴動その他非常の事態が発生し、又は発生するおそれのある場合においては、人命の救助、災害の救援、交通通信の確保又は秩序の維持のために必要な通信を無線局に行わせることができる。この通信を非常の場合の無線通信といい、国はその通信に要した実費を弁償しなければならないこととされている（法74条）。

5-3-1-2　非常通信の特則、通信方法及び取扱いに関する事項

1　非常通信は、法令上次のような特別の取扱いがなされている。

　⑴　無線局の免許状に記載された目的又は通信の相手方若しくは通信事項の範囲を超えて、また、運用許容時間外においてもこの通信を行うことができる（法52条、55条）。

　⑵　他の無線局等にその運用を阻害するような混信その他の妨害を与えてもこの通信を行うことができる（法56条1項）。

2　使用電波及び通信方法

　非常通信の連絡を設定する場合には、通常使用する電波によるものとする。ただし、通常使用する電波によって通信を行うことができないか又は著しく困難な場合は、この限りでない（運用130条）。

　⑴　連絡を設定するための呼出し又は応答は、呼出事項（注1）又は応答事項（注2）に「非常」3回を前置して行うものとする（運用131条）。

　⑵　「非常」を前置した呼出しを受信した無線局は、応答する場合を除くほか、これに混信を与えるおそれのある電波の発射を停止して傍受しなければならない（運用132条）。

　　（注1）呼出事項（運用20条1項）

　　　　①　相手局の呼出名称（又は呼出符号）　　3回以下
　　　　②　こちらは　　　　　　　　　　　　　1回
　　　　③　自局の呼出名称（又は呼出符号）　　3回以下

　　（注2）応答事項（運用23条2項）

　　　　①　相手局の呼出名称（又は呼出符号）　　3回以下
　　　　②　こちらは　　　　　　　　　　　　　1回
　　　　③　自局の呼出名称（又は呼出符号）　　1回

3　取扱いの停止

　非常通信の取扱いを開始した後、有線通信の状態が復旧した場合は、速やかにその取扱いを停止しなければならない（運用136条）。

第6章　業務書類

　無線局の適正かつ能率的な運用を確保するため、電波法令では、正確な時計、無線業務日誌、無線局免許状等の業務書類等の備付け及びその記載、保存等について規定している。

　無線従事者は、時計及び業務書類等を常に整備しておくとともに、その記載、保存等を適切に行うことが大切である。

6-1　時計及び業務書類の備付け

1　無線局には、正確な時計及び無線業務日誌その他総務省令で定める書類を備え付けておかなければならない。ただし、総務省令で定める無線局については、これらの全部又は一部の備付けを省略することができる（法60条）。

2　1のただし書の規定により、時計及び業務書類の全部又は一部の備付けを省略できる無線局は、総務大臣が別に告示する（施行38条の2）。

6-1-1　時刻の照合
　6-1の1により備え付けた時計は、その時刻を毎日1回以上中央標準時又は協定世界時に照合しておかなければならない（運用3条）。

6-2　業務書類

6-2-1　無線業務日誌
1　無線業務日誌の様式
　無線業務日誌の様式は、特に定められていないが、その一例を示せば資料18のようになる。

メ　モ

2 記載事項

無線業務日誌には、毎日次に掲げる事項を記載しなければならない。ただし、総務大臣又は総合通信局長が特に必要がないと認めた場合には、記載事項の一部を省略することができる（施行40条１項、２項）。

〔航空移動業務又は航空移動衛星業務を行う無線局の場合〕
(1) 無線従事者（主任無線従事者の監督を受けて無線設備の操作を行う者を含む。）の氏名、資格及び服務方法（変更のあったときに限る。）
(2) 通信のたびごとに次の事項（航空機局及び航空機地球局にあっては、遭難通信、緊急通信、安全通信その他無線局の運用上重要な通信に関するものに限る。）
　ア　通信の開始及び終了の時刻
　イ　相手局の識別信号（国籍、無線局の名称又は機器の装置場所等を併せて記載することができる。）
　ウ　自局及び相手局の使用電波の型式及び周波数
　エ　使用した空中線電力（正確な電力の測定が困難なときは、推定の電力を記載すること。）
　オ　通信事項の区別及び通信事項別通信時間（通数のあるものについては、その通数を併せて記載すること。）
　カ　相手局から通知を受けた事項の概要
　キ　遭難通信、緊急通信、安全通信及び非常の場合の無線通信の概要（遭難通信については、その全文）並びにこれに対する措置の内容
　ク　空電、混信、受信感度の減退等の通信状態
(3) 発射電波の周波数の偏差を測定したときは、その結果及び許容偏差を超える偏差があるときは、その措置の内容
(4) 機器の故障の事実、原因及びこれに対する措置の内容
(5) 電波の規正について指示を受けたときは、その事実及び措置の内容
(6) 電波法令に違反して運用した無線局を認めた場合は、その事実

(7) 運用義務時間中に聴守しなければならない周波数（5-2-1-3参照）があるときは、その聴守周波数（航空局及び航空機局の場合に限る。）

(8) 無線局が外国においてあらかじめ総務大臣が告示した以外の運用の制限をされたときは、その事実及び措置の内容（航空機局及び航空機地球局の場合に限る。）

(9) レーダーの維持の概要及びその機能上又は操作上に現れた特異現象の詳細（航空機局の場合に限る。）

(10) 時計を標準時に合わせたときは、その事実及び時計の遅速（航空局及び航空地球局の場合に限る。）

(11) その他参考となる事項

3 時刻

無線業務日誌に記載する時刻は、次に掲げる区別によるものとする（施行40条3項）。

(1) 航空機局、航空機地球局又は国際通信を行う航空局においては協定世界時。ただし、国際航空に従事しない航空機の航空機局若しくは航空機地球局であって、協定世界時によることが不便であるものにおいては、中央標準時によるものとし、その旨表示すること。

(2) (1)以外の無線局においては、中央標準時

4 保存期間

使用を終った無線業務日誌は、使用を終った日から2年間保存しなければならない（施行40条4項）。

5 電磁的方法による記録

(1) 航空局、航空機局、航空地球局及び航空機地球局においては、無線業務日誌は、電磁的方法により記録することができる。この場合においては、当該記録を必要に応じ、電子計算機その他の機器を用いて直ちに作成、表示及び書面への印刷ができなければならない（施行43条の5・1項）。

(2) (1)の無線局は、2の記載事項のうち(2)（エを除く。）及び(5)に掲げる事項については音声により記録することができる。この場合において、

(1)の後段の規定にかかわらず、当該記録を必要に応じ電子計算機その他の機器を用いて再生できなければならない（施行43条の5・2項）。

6-2-2　免許状

免許状は、無線局の合法性を証明する書類であり、また、無線局の運用の中心的な指針である。したがって無線従事者は、免許状の取扱い及び種々の手続等について十分理解しておくことが必要である。

6-2-2-1　備付け義務

(1) 免許状は、総務省令で定める業務書類として無線局に備え付けが義務付けられている（施行38条1項）。

(2) 遭難自動通報局、船上通信局、陸上移動局、携帯局、無線標定移動局、携帯移動地球局、陸上を移動する地球局であって停止中にのみ運用を行うもの又は移動する実験試験局、アマチュア局、簡易無線局若しくは気象援助局にあっては、(1)にかかわらず、その無線設備の常置場所に免許状を備え付けなければならない（施行38条3項）。

〔参考〕　免許状の掲示義務

　　　　船舶局、無線航行移動局又は船舶地球局にあっては、免許状は、主たる送信装置のある場所の見やすい箇所に掲げておかなければならない。ただし、掲示を困難とするものについては、その掲示を要しない（施行38条2項）。

6-2-2-2　訂正、再交付又は返納

1　訂正

(1)　免許人は、免許状に記載した事項に変更を生じたときは、その免許状を総務大臣に提出し、訂正を受けなければならない（法21条）。

(2)　免許人は、免許状の訂正を受けようとするときは、所定の事項を記載した申請書を総務大臣又は総合通信局長に提出しなければならない（免許22条1項）。

　　免許状の訂正の申請書の様式は、免許手続規則別表第6号の5に定められている（免許22条2項、別表6号の5）。（資料19参照）

(3)　訂正の申請があった場合において、総務大臣又は総合通信局長は、新たな免許状の交付による訂正を行うことがある（免許22条3項）。

(4)　訂正は、(2)の申請による場合の外、総務大臣又は総合通信局長の職権による訂正（電波法第71条の規定による周波数等の変更による変更検査後等）を行うことがある（免許22条4項）。

2　再交付

　　免許人は、免許状を破損し、汚し、失った等のために免許状の再交付の申請をしようとするときは、所定の事項を記載した申請書を総務大臣又は総合通信局長に提出しなければならない（免許23条1項）。

　　免許状の再交付の申請書の様式は、免許手続規則別表第6号の8に定められている（免許23条2項、別表6号の8）。（資料20参照）

　　なお、免許状の再交付の申請書には、再交付申請手数料として手数料令に定める額に相当する収入印紙を貼って納めなければならない（法103条、手数料令18条、22条）。

3　返納

(1)　無線局の免許がその効力を失ったときは、免許人であった者は、1箇月以内にその免許状を返納しなければならない（法24条）。

　　免許がその効力を失うのは、次の場合である。

ア　無線局の免許の取消しの処分を受けたとき。

イ　無線局の免許の有効期間が満了したとき。

ウ　無線局を廃止したとき。

(2)　免許人は、次の場合には、遅滞なく旧免許状を返納しなければならない（免許22条5項、23条3項）。

ア　免許状の訂正を申請した場合において新たな免許状の交付を受けたとき。

イ　免許状を破損し又は汚したために再交付を申請し、新たな免許状の

交付を受けたとき。

6-2-3　その他備付けを要する業務書類

　無線局に備付けを要する業務書類は、無線局の種別ごとに定められており、航空関係の無線局に備付けを要するものは、次のとおりである（施行38条1項抜粋）。

無　線　局	業　務　書　類
3　航空機局及び航空機地球局（航空機の安全運航又は正常運航に関する通信を行うものに限る。）	(1)　免許状 (2)　無線局の免許の申請書の添付書類の写し（再免許を受けた無線局にあっては、最近の再免許に係るもの並びに無線局免許手続規則第16条の3の規定により提出を省略した添付書類と同一の記載内容を有する添付書類の写し及び同規則第17条の規定により提出を省略した工事設計書と同一の記載内容を有する工事設計書の写し） (3)　無線局免許手続規則第12条（同規則第25条第1項において準用する場合を含む。以下この表において同じ。）の変更の申請書の添付書類及び届出書の添付書類の写し（再免許を受けた無線局にあっては、最近の再免許後における変更に係るもの） (4)　電波法施行規則第43条第1項の届出書に添付した書類の写し（航空機地球局にあっては、電気通信業務を行うことを目的とするもの以外のものの場合に限る。）の届出書の添付書類の写し (5)　国際電気通信連合憲章、国際電気通信連合条約及び無線通信規則並びに国際民間航空機関により採択された通信手続（国際通信を行う航空機局及び航空機地球局の場合に限る。） (6)　電波法施行規則第43条第2項の届出書の添付した書類の写し（電気通信業務を行うことを目的とする航空機地球局の場合に限る。）
4　航空局及び航空地球局（航空機の安全運航又は正常運航に関する通信を行うものに限る。）	(1)　免許状 (2)　1の(2)及び(3)に掲げる書類 (3)　1の(5)に掲げる書類（国際通信を行う航空局及び航空地球局の場合に限る。）

（注）　3及び4の(2)及び(3)の書類は、総務大臣又は総合通信局長が提出書類の写しであることを証明したものとする。

〔参考〕　備付け場所の特例（昭和35年告示第1017号）

　　　航空機局及び航空機地球局については、無線業務日誌及び業務書類（免許状を除く。）を航空機の定置場に備え付けておくことができる。

　（注）　上記告示の規定により、航空機局及び航空機地球局の備付け書類のうち、航空機内に備え付けておかなければならないものは、免許状及び無線業務日誌のみとすることができる。

第7章　監督

　監督とは、総務大臣が無線局の免許、許可等の権限との関連において、免許人等、無線従事者その他の無線局関係者等の電波法上の行為について、その行為がこれらの者の守るべき義務に違反することがないかどうか、又はその行為が適正に行われているかどうかについて絶えず注意し、行政目的を達成するために必要に応じ、指示、命令、処分等を行うことである。

　電波法では、総務大臣の無線局に対する周波数等の指定の変更、無線設備の技術基準への適合命令、電波の発射や無線局の運用の停止命令、検査（定期検査及び臨時検査）の実施、無線局や無線従事者の免許の取消し等の処分、遭難通信等を行った場合の報告義務について規定している。

7-1　電波の発射の停止

1　総務大臣は、無線局の発射する電波の質が総務省令（設備5条から7条）で定めるものに適合していないと認めるときは、その無線局に対して臨時に電波の発射の停止を命ずることができる（法72条1項）。

2　1の命令を受けた無線局から、その発射する電波の質が総務省令の定めるものに適合するに至った旨の申出を受けたときは、総務大臣は、その無線局に電波を試験的に発射させ、総務省令で定めるものに適合しているときは、直ちに電波の発射の停止を解除しなければならない（法72条2項、3項）。

メモ

7-2　無線局の検査

7-2-1　定期検査

1　検査の実施等

(1)　総務大臣は、総務省令で定める時期ごとに、あらかじめ通知する期日に、その職員を無線局（総務省令で定めるものを除く。）に派遣し、その無線設備、無線従事者の資格（主任無線従事者の要件に係るものを含む。）及び員数並びに時計及び書類（「無線設備等」という。）を検査させる。ただし、当該無線局の発射する電波の質又は空中線電力に係る無線設備の事項以外の事項の検査を行う必要がないと認める無線局については、その無線局に電波の発射を命じて、その発射する電波の質又は空中線電力の検査を行う（法73条1項）。この検査を「定期検査」という。

(2)　検査の結果は、無線局検査結果通知書（資料16参照）により通知される（施行39条1項）。

(3)　(1)の検査は、当該無線局についてその検査を総務省令で定める時期に行う必要がないと認める場合及び当該無線局のある航空機が当該時期に外国地間を航行中の場合においては、その時期を延期し、又は省略することができる（法73条2項）。

2　定期検査の時期

(1)　無線局の免許(再免許を除く。)の日以後最初に行う定期検査の時期は、総務大臣又は総合通信局長が指定した時期とする（施行41条の3）。

(2)　1の(1)の総務省令で定める時期は、電波法施行規則別表第5号において無線局の種別ごとに定める期間を経過した日の前後3月を超えない時期とする。ただし、免許人の申出により、その時期以外の時期に定期検査を行うことが適当であると認めて、総務大臣又は総合通信局長が定期検査を行う時期を別に定めたときは、この限りでない（施行41条の4）。

定期検査の時期（施行41条の 4 、別表 5 号抜粋）

無　　　線　　　局	期　間
4　航空局	
（1）　航空交通管制に関する通信を取り扱い、又は電気通信業務等を行うことを目的として開設するもの	1 年
（2）　航空法の一部を改正する法律（平成11年法律第72号）の規定による改正前の航空法第 2 条第17項の定期航空運送事業を遂行することを目的として開設するもの	2 年
（3）　（1）及び（2）に該当しないもの	5 年
12　航空機局	1 年
15　無線航行陸上局	1 年
16　無線航行移動局	
（1）　船舶安全法第 2 条の規定に基づく命令により遭難自動通報設備の備付けを要する船舶に開設するもの	2 年
（2）　（1）に該当しないもの	5 年
18　無線標識局	
（1）　航空無線航行業務を行うために開設するもの	1 年
（2）　（1）に該当しないもの	2 年
21　航空地球局	
（1）　航空機の安全運航又は正常運航に関する通信を行うもの	1 年
（2）　（1）に該当しないもの	5 年
24　航空機地球局	2 年

3　定期検査の省略

（1）　定期検査は、当該無線局（人の生命又は身体の安全の確保のためその適正な運用の確保が必要な無線局として総務省令で定めるものを除く。）の免許人から、総務大臣が通知した期日の 1 月前までに、当該無線局の無線設備等について登録検査等事業者（無線設備等の点検のみを行う者を除く。）が、総務省令で定めるところにより当該登録に係る検査を行い、当該無線局の無線設備がその工事設計に合致しており、かつ、その無線従事者の資格及び員数並びに時計及び書類が電波法の規定にそれぞれ違反していない旨を記載した証明書（検査結果証明書）の提出があったときは、省略することができる（法73条 3 項）。

（2）　具体的には、免許人から提出された無線設備等の検査実施報告書及び

これに添付された検査結果証明書が適正なものであって、かつ、検査（点検である部分に限る。）を行った日から起算して 3 箇月以内に提出された場合は、定期検査が省略される（施行41条の 5）。検査の省略は、無線局検査省略通知書（資料17参照）により通知される（施行39条 2 項）。

(3)　人の生命又は身体の安全の確保のためその適正な運用の確保が必要な無線局として総務省令で定めるもの（定期検査の省略の対象とならない無線局）は、資料21のとおりである（登録検査15条、平成23年告示第277号）。

4　定期検査の一部省略

(1)　定期検査を受けようとする者（免許人）が、総務大臣からあらかじめ通知を受けた検査実施期日の 1 箇月前までに当該無線局（人の生命又は身体の安全の確保のためその適正な運用の確保が必要な無線局として総務省令で定めるもののうち国が開設するものを除く。）の無線設備等について登録検査等事業者又は登録外国点検事業者が総務省令で定めるところにより行った点検の結果を記載した書類（無線設備等の点検実施報告書に点検結果通知書が添付されたもの（注））を提出した場合は、検査の一部が省略される（法73条 4 項、施行41条の 6、登録検査19条）。

(注)　検査の一部が省略されるためには、適正なものであって、かつ、点検を実施した日から起算して 3 箇月以内に提出されたものでなければならない（施行41条の 6）。

(2)　検査の結果は、無線局検査結果通知書（資料16第 2）により通知される（施行39条 1 項）。

5　定期検査の適用除外

(1)　航空機局等（航空機局又は航空機地球局（電気通信業務を行うことを目的とするものを除く。）をいう。）の免許人は、総務省令で定めるところにより、当該航空機局等に係る無線局の基準適合性（無線局の無線設備がその工事設計に合致しており、かつ、その無線従事者の資格（主任無線従事者の要件に係るものを含む。）及び員数が電波法第39条及び第40条の規定に、その時計及び書類が同法第60条の規定にそれぞれ違反して

いないことをいう。）を確保するための無線設備等の点検その他保守に
関する規程（「無線設備等保守規程」という。）を作成し、これを総務大
臣に提出して、その認定を受けることができる（法70条の5の2・1項）。

(2) (1)の認定を受けた免許人（「認定免許人」という。）は、毎年、総務省
令で定めるところにより(1)の認定を受けた無線設備等保守規程に従って
行う当該認定に係る航空機局等の無線設備等の点検その他の保守の実施
状況について総務大臣に報告しなければならない（法70条の5の2・6
項）。

(3) 認定免許人が開設している(1)の認定に係る航空機局等については、電
波法第73条第1項（定期検査）の規定は適用しない（法70条の5の2・
10項）。

〔参考〕 航空機に搭載する無線局の点検その他の保守に関する認定制度の導入
平成29年5月の電波法の一部改正により、航空機に搭載する無線局の点検
その他の保守に関する認定制度が整備され、航空機局等の免許人が無線設備
等の保守に関する規程を定めて総務大臣の認定を受けることができることと
するとともに、当該認定に係る航空機局等については、定期検査の対象外と
することとされた。また、この認定制度の導入に必要な規定を整備するため、
電波法施行規則及び無線局免許手続規則の一部改正（平成30年8月1日施行）
が行われた。

7-2-2　臨時検査

1　総務大臣は、次に掲げる場合には、その職員を無線局に派遣し、その無
線設備等を検査させることができる（法73条5項）。

なお、この検査を「臨時検査」と呼んでいる。

(1) 総務大臣が無線局の無線設備が電波法第3章に定める技術基準に適合
していないと認め、その技術基準に適合するよう当該無線設備の修理そ
の他の必要な措置をとるべきことを命じたとき（〔参考〕参照）。

(2) 総務大臣が、無線局の発射する電波の質が総務省令で定めるものに適

合していないと認め、電波の発射の停止を命じたとき（7－1参照）。

⑶　⑵の命令を受けた無線局からその発射する電波の質が総務省令に定めるものに適合するに至った旨の申出があったとき（7－1参照）。

⑷　無線局のある船舶又は航空機が外国へ出港しようとするとき。

⑸　その他電波法の施行を確保するため特に必要があるとき。

2　検査の結果は、無線局検査結果通知書（資料16第1参照）により通知される（施行39条1項）。

〔参考〕　技術基準適合命令

総務大臣は、無線設備が電波法第3章に定める技術基準に適合していないと認めるときは、当該無線設備を使用する無線局の免許人等に対し、その技術基準に適合するように当該無線設備の修理その他の必要な措置を採るべきことを命ずることができる（法71条の5）。

7-3　無線局の免許の取消し、運用停止又は運用制限

1　免許の取消し

⑴　総務大臣は、免許人が無線局の免許を受けることができない者となったときは、その免許を取り消さなければならない（法75条1項、5条1項、2項）（2-1-2参照）。

⑵　総務大臣は、免許人が次のいずれかに該当するときは、その免許を取り消すことができる（法76条4項）。

　ア　正当な理由がないのに、無線局の運用を引き続き6月以上休止したとき。

　イ　不正な手段により無線局の免許若しくは無線設備の設置場所の変更等の許可を受け、又は周波数、空中線電力等の指定の変更を行わせたとき。

　ウ　無線局の運用の停止命令又は運用の制限に従わないとき。

　エ　免許人が電波法に規定する罪を犯し罰金以上の刑に処せられ、その

執行が終わり、又はその執行を受けることがなくなった日から2年を経過しない者に該当するに至ったことにより無線局の免許を与えられないことがある者となったとき。

(3)　総務大臣は、(2)のアからウまでの規定により免許の取消しをしたときは、その免許人等であった者が受けている他の無線局の免許等又は無線設備等保守規程の認定を取り消すことができる（法76条8項）。

2　運用の停止又は制限

総務大臣は、免許人等が電波法、放送法若しくはこれらの法律に基づく命令又はこれらに基づく処分に違反したときは、3月以内の期間を定めて無線局の運用の停止を命じ、又は期間を定めて運用許容時間、周波数若しくは空中線電力を制限することができる（法76条1項）。

7-4　無線従事者の免許の取消し又は従事停止

総務大臣は、無線従事者が次のいずれかに該当するときは、その免許を取り消し、又は3箇月以内の期間を定めてその業務に従事することを停止することができる（法79条1項）。

①　電波法若しくは電波法に基づく命令又はこれらに基づく処分に違反したとき。

②　不正な手段により無線従事者の免許を受けたとき。

③　著しく心身に欠陥があって無線従事者たるに適しない者となったとき。

7-5　遭難通信を行った場合等の報告

無線局の免許人等は、次に掲げる場合は、総務省令で定める手続により、総務大臣に報告しなければならない（法80条）。

①　遭難通信、緊急通信、安全通信又は非常通信を行ったとき。

② 電波法又は電波法に基づく命令の規定に違反して運用した無線局を認めたとき。

③ 無線局が外国において、あらかじめ総務大臣が告示した以外の運用の制限をされたとき。

　上記の報告は、できる限り速やかに、文書によって、総務大臣又は総合通信局長に行わなければならない。この場合において、遭難通信及び緊急通信に関する報告は、当該通報を発信したとき又は遭難通信を宰領したときに限られる。また、安全通信については、総務大臣が告示する簡易な手続により、当該通報の発信に関し、報告するものとする（施行42条の4）。

第8章　罰則等

8-1　電波利用料制度

1　電波利用料制度の意義

　現在は高度情報通信社会といわれている。その発展に大きな役割を果たしている電波の利用は、通信や放送を中心として国民生活や社会経済活動のあらゆる分野に及び、現代社会において必要不可欠のものとなっている。

　このような中で、不法無線局を開設して他の無線局の通信や放送の受信を妨害する事例やさまざまな原因による混信その他の妨害の発生が多くなっている。

　電波利用料制度は、このような電波利用社会の実態にかんがみ、混信や妨害のない良好な電波環境を守るとともに、コンピュータシステムによる無線局の免許等の事務処理の実施、新たな無線設備の技術基準の策定のための研究開発の促進等今後の適正な電波利用を確保するための財源を確保するために導入されたものである。

2　電波利用料の使途

　電波利用料は、次に掲げる電波の適正な利用の確保に関し総務大臣が無線局全体の受益を直接の目的として行う事務の処理に要する費用（「電波利用共益費用」という。）の財源に充てられる。

(1)　電波監視業務（電波の監視及び規正並びに不法に開設された無線局の探査等）

(2)　総合無線局管理ファイルの作成及び管理

(3)　電波資源拡大のための無線設備の技術基準の策定に向けた研究開発

(4)　周波数ひっ迫対策のための技術試験事務

(5)　技術基準策定のための国際機関及び外国の行政機関等との連絡調整並びに試験及びその結果の分析

メモ

⑹　電波の人体への影響等電波の安全性に関する調査

⑺　標準電波の発射

⑻　電波の伝わり方について、観測の実施、予報及び異常に関する警報の送信等の事務並びにこれらに必要な技術の調査、研究及び開発の事務

⑼　特定周波数変更対策業務（周波数割当計画等の変更を行う場合において、周波数等の変更に伴う無線設備の変更の工事を行おうとする免許人に対して給付金を支給するもの。）

⑽　特定周波数終了対策業務（電波のひっ迫状況が深刻化する中で、新規の電波需要に迅速に対応するため、特定の既存システムに対して5年以内の周波数の使用期限を定めた場合に、国が既存利用者に対して一定の給付金を支給することで、自主的な無線局の廃止を促し、電波の再配分を行うもの。）

⑾　人命又は財産の保護の用に供する無線設備の整備（例、防災行政無線及び消防・救急無線のデジタル化）のための補助金の交付

⑿　携帯電話等のエリア拡大のための補助金の交付

⒀　電波遮へい対策事業（鉄道や道路のトンネル内においても携帯電話の利用を可能とし、非常時における通信手段の確保等電波の適正な利用を確保するための補助金の交付）

⒁　電波の安全性及び電波の適正利用に関するリテラシーの向上に向けた活動

⒂　電波利用料に係る制度の企画又は立案　等

3　電波利用料の徴収対象

　無線局の免許人等が対象である。ただし、国及び地方公共団体等の無線局であって、国民の安心・安全や治安・秩序の維持を目的とするもの（警察、消防、航空保安、気象警報、海上保安、防衛、水防事務、災害対策等）については、電波利用料制度は、適用されない。また、地方公共団体が地域防災計画に従って防災上必要な通信を行うために開設する無線局（防災行政用無線局）は、電波利用料の額が2分の1に減額される（法103条の2・

1項、14項、15項)。

4　電波利用料の額

電波利用料は、無線局を9区分し、無線局の種別、使用周波数帯、使用する電波の周波数の幅、空中線電力、無線局の無線設備の設置場所、業務形態等に基づいて、及び使用する電波の経済的価値を勘案して電波利用料の額を年額で規定している（法103条の2・1項、別表第6）（資料22参照）。

5　納付の方法

(1)　無線局の免許人等は、免許の日から30日以内（翌年以降は免許の日に当たる日（応当日）から30日以内）に上記の電波利用料を、総務省から送付される納入告知書により納付する（法103条の2・1項）。

(2)　納付は、最寄りの金融機関（郵便局、銀行、信用金庫等）、インターネットバンキング等若しくはコンビニエンスストアで行うか又は貯金口座若しくは預金口座のある金融機関に委託して行うことができる。また、翌年以降の電波利用料を前納することも可能である（法103条の2・17項、23項、施行4章2節の5）。

(3)　電波利用料を納めない者は、期限を指定した督促状によって督促され、さらにその納付期限を過ぎた場合は、延滞金を納めなければならない。また、督促状に指定された期限までに納付しないときは、国税滞納処分の例により、処分される（法103条の2・42項、43項）。

8-2　罰則

電波法は、電波の公平かつ能率的な利用を確保することによって、公共の福祉を増進することを目的としている。もし、これを遵守せず違反が横行するならば、電波の利用を円滑に行うことができず、電波法の目的を達成することは不可能となる。

電波法第9章では、電波法に違反した場合の罰則を設け、電波法の法益の確保及び違反の防止抑圧を図っている。

8-2-1　不法開設又は不法運用に対する罰則

　無線局の不法開設又は不法運用とは、免許又は登録を受けないで無線設備を設置し、又は電波を発射して通信を行うことである。このような不法行為は、厳しく処罰される。

　電波法第110条においては、「法第4条の規定による免許又は第27条の18第1項の規定による登録がないのに、無線局を開設し、又は運用した者は、1年以下の懲役又は100万円以下の罰金に処する。」と規定している。

8-2-2　その他の罰則

　以下にその主なものを挙げる。

1　遭難通信に関する罰則

(1)　無線通信の業務に従事する者が遭難通信の取扱をしなかったとき、又はこれを遅延させたときは、1年以上の有期懲役に処する(法105条1項)。

　　遭難通信の取扱を妨害した者も、同様とする（法105条2項）。

　　上記の未遂罪も罰する（法105条3項）。

(2)　船舶遭難又は航空機遭難の事実がないのに、無線設備によって遭難通信を発した者は、3月以上10年以下の懲役に処する（法106条2項）。

2　通信の秘密を漏らし又は窃用した場合の罰則

(1)　無線局の取扱中に係る無線通信の秘密を漏らし、又は窃用した者は1年以下の懲役又は50万円以下の罰金に処する（法109条1項）。

(2)　無線通信の業務に従事する者がその業務に関し知り得た(1)の秘密を漏らし、又は窃用したときは、2年以下の懲役又は100万円以下の罰金に処する（法109条2項）。

3　免許状記載事項の遵守義務違反に対する罰則

　免許状の記載事項（電波法第52条、第53条、第54条第1号、第55条（5-1-1-1、5-1-1-2参照））の遵守義務に違反して無線局を運用した者は、1年以下の懲役又は100万円以下の罰金に処する（法110条5号）。

4 変更検査合格前運用に対する罰則

　電波法第18条第1項の規定に違反して変更検査を受けないで許可に係る無線設備を運用した者は、1年以下の懲役又は100万円以下の罰金に処する（法110条6号）。

5 電波の発射の停止の違反に対する罰則

　電波法第72条第1項の規定によって電波の発射を停止された無線局を運用した者は、1年以下の懲役又は100万円以下の罰金に処する（法110条8号）。

6 運用停止違反に対する罰則

　電波法第76条第1項の規定によって運用を停止された無線局を運用した者は、1年以下の懲役又は100万円以下の罰金に処する（法110条8号）。

　また、運用の制限に違反した者は、50万円以下の罰金に処する（法112条5号）。

7 検査を拒んだ者等に対する罰則

　定期検査又は臨時検査を拒み、妨げ、又は忌避した者は6月以下の懲役又は30万円以下の罰金に処する（法111条）。

8 無資格操作等に対する罰則

　無線設備の操作等に関し、次のような違反があったときは、30万円以下の罰金に処する（法113条16号、17号、20号）。

⑴　無線従事者の資格のない者が、主任無線従事者として選任された者の監督を受けないで無線局の無線設備の操作を行ったとき（法39条1項関係）。

⑵　無線局の免許人が、主任無線従事者を選任又は解任したのに、届出をしなかったとき又は虚偽の届出をしたとき（法39条4項関係）。

⑶　無線従事者が3箇月以内の期間を定めてその業務に従事することを停止（行政処分）されたのに、その期間中に無線設備の操作を行ったとき（法79条1項関係）。

9　両罰規定

　無線従事者等がその免許人の業務に関し、電波法第110条、第110条の 2 又は第111条から第113条までの規定の違反行為をしたときは、行為者を罰するほか、その免許人である法人又は人に対しても罰金刑を科す（法114 条）。これを両罰規定という。

資　料　編

資料1　用語の定義

1　電波法施行規則第2条関係（抜粋）

(1)　無線通信　：　電波を使用して行うすべての種類の記号、信号、文言、影像、音響又は情報の送信、発射又は受信をいう。

(2)　衛星通信　：　人工衛星局の中継により行う無線通信をいう。

(3)　単信方式　：　相対する方向で送信が交互に行われる通信方式をいう。

(4)　複信方式　：　相対する方向で送信が同時に行われる通信方式をいう。

(5)　テレメーター　：　電波を利用して、遠隔地点における測定器の測定結果を自動的に表示し、又は記録するための通信設備をいう。

(6)　ファクシミリ　：　電波を利用して、永久的な形に受信するために静止影像を送り、又は受けるための通信設備をいう。

(7)　無線測位　：　電波の伝搬特性を用いてする位置の決定又は位置に関する情報の取得をいう。

(8)　無線航行　：　航行のための無線測位（障害物の探知を含む。）をいう。

(9)　無線標定　：　無線航行以外の無線測位をいう。

(10)　レーダー　：　決定しようとする位置から反射され、又は再発射される無線信号と基準信号との比較を基礎とする無線測位の設備をいう。

(11)　無線方向探知　：　無線局又は物体の方向を決定するために電波を受信して行う無線測位をいう。

(12)　送信設備　：　送信装置と送信空中線系とから成る電波を送る設備をいう。

(13)　送信装置　：　無線通信の送信のための高周波エネルギーを発生する装置及びこれに付加する装置をいう。

(14)　送信空中線系　：　送信装置の発生する高周波エネルギーを空間へ輻射する装置をいう。

(15)　船舶航空機間双方向無線電話　：　船舶局の無線電話であって、船舶が遭難

メモ

した場合に当該船舶又は他の船舶と航空機との間で当該船舶の捜索及び人命の救助にかかる双方向の通信を行うために使用するものをいう。

⒃　衛星位置指示無線標識　：　人工衛星局の中継により、及び航空機局に対して、電波の送信の地点を探知させるための信号を送信する無線設備をいう。

⒄　携帯用位置指示無線標識　：　人工衛星局の中継により、及び航空機局に対して、電波の送信の地点を探知させるための信号を送信する遭難自動通報設備であって、携帯して使用するものをいう。

⒅　衛星非常用位置指示無線標識　：　遭難自動通報設備であって、船舶が遭難した場合に、人工衛星局の中継により、及び航空機局に対して、当該遭難自動通報設備の送信の地点を探知させるための信号を送信するものをいう。

⒆　航空機用救命無線機　：　航空機が遭難した場合に、その送信の地点を探知させるための信号を自動的に送信するもの（A3E 電波を使用する無線電話を附置するもの又は人工衛星局の中継により、その送信の地点を探知させるための信号を併せて送信するものを含む。）をいう。

⒇　航空機用携帯無線機　：　専ら航空機の遭難に係る通信を行うため携帯して使用する航空機局の無線設備であって、航空機用救命無線機以外のものをいう。

(21)　ILS　：　計器着陸方式（航空機に対し、その着陸降下直前又は着陸降下中に、水平及び垂直の誘導を与え、かつ、定点において着陸基準点までの距離を示すことにより、着陸のための一の固定した進入の経路を設定する無線航行方式）をいう。

(22)　MLS　：　マイクロ波着陸方式（航空機に対し、その着陸降下直前又は着陸降下中に、水平及び垂直の誘導を与え、かつ、着陸基準点までの距離を示すことにより、着陸のための複数の進入の経路を設定する無線航行方式をいい、航空機に対し、その離陸中又は着陸復行を行うための上昇中に水平の誘導を与えるものを含む。）をいう。

(23)　MLS 角度系　：　MLS の無線局の無線設備のうち、水平又は垂直の誘導を与えるための無線航行業務を行う設備をいう。

(24)　ATCRBS　：　地表の定点において、位置、識別、高度その他航空機に関

する情報（飛行場内を移動する車両に関する情報を含む。）を取得するための
航空交通管制の用に供する通信の方式をいう。

(注)　ATCRBS の無線局のうち航空機に開設するものの無線設備を「ATC ト
ランスポンダ」、地表に開設するものの無線設備を「SSR」という。

㉕　ACAS　：　航空機局の無線設備であって、他の航空機の位置、高度その他
の情報を取得し、他の航空機との衝突を防止するための情報を自動的に表示す
るものをいう。(注) 使用周波数は、1,030MHz。

㉖　VOR　：　108MHz から 118MHz までの周波数の電波を全方向に発射する
回転式の無線標識業務を行う設備をいう。

(注)　VOR は、VHF Omnidirectional Radio Range の略語で、超短波全方向
式無線施設ともいう。電波の型式は AXX。

㉗　航空用 DME　：　960MHz から 1,215MHz までの周波数の電波を使用し、
航空機において、当該航空機から地表の定点までの見通し距離を測定するため
の無線航行業務を行う設備をいう。(注) 電波の型式は、VXX。

㉘　タカン　：　960MHz から 1,215MHz までの周波数の電波を使用し、航空
機において、当該航空機から地表の定点までの見通し距離及び方位を測定する
ための無線航行業務を行う設備をいう。(注) 電波の型式は、VXX。

〔参考〕　NDB　：　Non Directional Radio Beacon 無指向性無線標識施設のこ
とで、航空路の要所又は空港に設置される。中長波帯の無指向性電波を発
射し、航空機上で自動無線方位測定機（ADF：Automatic Direction
Finder）を使用して地上施設（NDB）の方向を探知する施設である。電
波の型式は、特別のものを除き、A2A。

VORTAC　：　航空機に方位情報を与える VOR 地上施設と方位情報
と距離情報とを同時に与える TACAN 地上施設を併設して、軍及び民間
両用の無線航行業務（航行援助施設）として利用できるようにしたもので
ある。

VOR/DME　：　航空機に方位情報を与える VOR 地上施設と距離情報
を与える DME（Distance Measuring Equipment）地上施設を併設し、航

空機がこれから同時に方位と距離の情報を得て、その位置を決定できるものであって、国際標準に採用されている。この両施設の空中線間隔、両者の動作チャンネル及び組み合わせる標識符号には、一定の基準が定められている。

(29) GBAS ： 地上から航空機に対し無線測位衛星からの測位情報の精度及び安全性を向上させる補強信号並びに進入降下経路情報を送信し、航空機を安全に滑走路に誘導する無線航行方式をいう。

(30) 割当周波数 ： 無線局に割り当てられた周波数帯の中央の周波数をいう。

(31) 周波数の許容偏差 ： 発射によって占有する周波数帯の中央の周波数の割当周波数からの許容することができる最大の偏差又は発射の特性周波数の基準周波数からの許容することができる最大の偏差をいい、百万分率又はヘルツで表す。

(32) 占有周波数帯幅 ： その上限の周波数をこえて輻射され、及びその下限の周波数未満において輻射される平均電力がそれぞれ与えられた発射によって輻射される全平均電力の0.5パーセントに等しい上限及び下限の周波数帯幅をいう。ただし、周波数分割多重方式の場合、テレビジョン伝送の場合等0.5パーセントの比率が占有周波数帯幅及び必要周波数帯幅の定義を実際に適用することが困難な場合においては、異なる比率によることができる。

(33) スプリアス発射 ： 必要周波数帯外における1又は2以上の周波数の電波の発射であって、そのレベルを情報の伝送に影響を与えないで低減することができるものをいい、高調波発射、低調波発射、寄生発射及び相互変調積を含み、帯域外発射を含まないものとする。

(34) 帯域外発射 ： 必要周波数帯に近接する周波数の電波の発射で情報の伝送のための変調の過程において生ずるものをいう。

(35) 不要発射 ： スプリアス発射及び帯域外発射をいう。

(36) スプリアス領域 ： 帯域外領域の外側のスプリアス発射が支配的な周波数帯をいう。

(37) 帯域外領域 ： 必要周波数帯の外側の帯域外発射が支配的な周波数帯をい

う。

⑶ 混信　：　他の無線局の正常な業務の運行を妨害する電波の発射、輻射又は誘導をいう。

⑶ 空中線電力　：　尖頭電力、平均電力、搬送波電力又は規格電力をいう。

⑷ 尖頭電力　：　通常の動作状態において、変調包絡線の最高尖頭における無線周波数1サイクルの間に送信機から空中線系の給電線に供給される平均の電力をいう。

⑷ 平均電力　：　通常の動作中の送信機から空中線系の給電線に供給される電力であって、変調において用いられる最低周波数の周期に比較してじゅうぶん長い時間（通常、平均の電力が最大である約10分の1秒間）にわたって平均されたものをいう。

⑷ 搬送波電力　：　変調のない状態における無線周波数1サイクルの間に、送信機から空中線系の給電線に供給される平均の電力をいう。ただし、この定義は、パルス変調の発射には適用しない。

⑷ 規格電力　：　終段真空管の使用状態における出力規格の値をいう。

⑷ 終段陽極入力　：　無変調時における終段の真空管に供給される直流陽極電圧と直流陽極電流との積の値をいう。

⑷ 空中線の利得　：　与えられた空中線の入力部に供給される電力に対する、与えられた方向において、同一の距離で同一の電界を生ずるために、基準空中線の入力部で必要とする電力の比をいう。この場合において、別段の定めがないときは、空中線の利得を表す数値は、主輻射の方向における利得を示す。

　　（注）　散乱伝搬を使用する業務においては、空中線の全利得は、実際上得られるとは限らず、また、見掛けの利得は、時間によって変化することがある。

⑷ 航空無線電話通信網　：　一定の区域において、航空機局及び2以上の航空局が共通の周波数の電波により運用され、一体となって形成する無線電話通信の系統をいう。

2　電波法施行規則第3条関係（抜粋）

(1)　航空移動業務　：　航空機局と航空局との間又は航空機局相互間の無線通信業務をいう。

(2)　航空移動（R）業務　：　主として国内民間航空路又は国際民間航空路において安全及び正常な飛行に関する通信のために確保された航空移動業務をいう。

(3)　航空移動（OR）業務　：　主として国内民間航空路又は国際民間航空路以外の飛行の調整に関するものを含む通信を目的とする航空移動業務をいう。

(4)　無線測位業務　：　無線測位のための無線通信業務をいう。

(5)　無線航行業務　：　無線航行のための無線測位業務をいう。

(6)　海上無線航行業務　：　船舶のための無線航行業務をいう。

(7)　航空無線航行業務　：　航空機のための無線航行業務をいう。

(8)　無線標定業務　：　無線航行業務以外の無線測位業務をいう。

(9)　無線標識業務　：　移動局に対して電波を発射し、その電波発射の位置からの方向又は方位をその移動局に決定させることができるための無線航行業務をいう。

(10)　航空移動衛星業務　：　航空機地球局と航空地球局との間又は航空機地球局相互間の衛星通信の業務をいう。

(11)　特別業務　：　上記各業務（注、掲載を省略したものも含む。）及び電気通信業務（不特定多数の者に同時に送信するものを除く。）のいずれにも該当しない無線通信業務であって、一定の公共の利益のために行われるものをいう。

3　電波法施行規則第4条関係（抜粋）

(1)　航空局　：　航空機局と通信を行うため陸上に開設する移動中の運用を目的としない無線局（船舶に開設するものを含む。）をいう。

(2)　陸上局　：　海岸局、航空局、基地局、携帯基地局、無線呼出局、陸上移動中継局その他移動中の運用を目的としない移動業務を行う無線局をいう。

(3)　航空機局　：　航空機の無線局（人工衛星局の中継によってのみ無線通信を

行うものを除く。）のうち、無線設備がレーダーのみのもの以外のものをいう。

(4)　移動局　：　船舶局、遭難自動通報局、船上通信局、航空機局、陸上移動局、携帯局その他移動中又は特定しない地点に停止中運用する無線局をいう。

(5)　無線測位局　：　無線測位業務を行う無線局をいう。

(6)　無線航行局　：　無線航行業務を行う無線局をいう。

(7)　無線航行陸上局　：　移動しない無線航行局をいう。

(8)　無線航行移動局　：　移動する無線航行局をいう。

(9)　無線標定陸上局　：　無線標定業務を行う移動しない無線局をいう。

(10)　無線標定移動局　：　無線標定業務を行う移動する無線局をいう。

(11)　無線標識局　：　無線標識業務を行う無線局をいう。

(12)　航空地球局　：　陸上に開設する無線局であって、人工衛星局の中継により航空機地球局と無線通信を行うものをいう。

(13)　航空機地球局　：　航空機に開設する無線局であって、人工衛星局の中継によってのみ無線通信を行うもの（実験等無線局及びアマチュア無線局を除く。）をいう。

(14)　特別業務の局　：　特別業務を行う無線局をいう。

4　無線従事者規則第2条関係（抜粋）

(1)　国家試験　：　無線従事者国家試験は、無線設備の操作に必要な知識及び技能について行う（法44条）。

(2)　養成課程　：　総務省令で定める資格（特殊無線技士等）の無線従事者の養成課程で、総務大臣が総務省令で定める基準に適合するものであることの認定をしたもの（法41条2項2号）。

(3)　免許　：　電波法第41条に規定する無線従事者の免許をいう（法41条）。

(4)　指定講習機関　：　無線局の免許人は、選任の届出をした主任無線従事者に、総務省令で定める期間ごとに、無線設備の操作の監督に関し総務大臣の行う講習を受けさせなければならない（法39条7項）。総務大臣は、この講習を指定する者に行わせることができる。この指定された者を指定講習機関という（法

39条の2）。

(5) 指定試験機関 ： 総務大臣は、その指定する者に無線従事者国家試験の実施に関する業務の全部又は一部を行わせることができる。この機関を指定試験機関という（法46条）。

5 無線局運用規則第2条関係（抜粋）

(1) 中短波帯 ： 1,606.5kHz から 4,000kHz までの周波数帯をいう。

(2) 短波帯 ： 4,000kHz から 26,175kHz までの周波数帯をいう。

(3) 通常通信電波 ： 通報の送信に通常用いる電波をいう。

資料２　申請書類等の提出先及び総合通信局の管轄区域

1　申請書類等の提出先

　第２章の無線局の免許関係の申請書及び届出の書類、第４章の無線従事者の国家試験及び免許関係の申請書及び届出の書類は、次の表の左欄の区別及び中欄の所在地等の区分により右欄の提出先に提出する。この場合において総務大臣に提出するもの（◎印のもの）は、所轄総合通信局長を経由して提出する。

　なお、所轄総合通信局長は、中欄の所在地等を管轄する総合通信局長である（施行51条の15・２項、52条１項（抜粋））。

区　　別	所　在　地　等	提　出　先	
		所轄総合通信局長	総務大臣
1　航空機の無線局及び航空機地球局	その航空機の定置場の所在地	○	
2　移動する無線局（1の無線局を除く。）	その無線設備の常置場所（常置場所を船舶又は航空機とする無線局にあっては当該船舶の主たる停泊港又は当該航空機の定置場の所在地）	○	
3　航空局	その送信所（通信所又は演奏所があるときはその通信所又は演奏所）の所在地	○	
4　無線従事者の免許に関する事項 (1)　特殊無線技士並びに第三級及び第四級アマチュア無線技士の資格の場合 (2)　総合、海上、航空及び陸上の各級無線従事者並びに第一級及び第二級アマチュア無線技士の資格の場合	合格した国家試験（その免許に係るものに限る。）の受験地、修了した電波法第41条第２項第２号の養成課程の主たる実施の場所、同条第２項第３号の無線通信に関する科目を修めて卒業した同号の学校の所在地又は修了した無線従事者規則第33条に規定する認定講習の主たる実施の場所。ただし、申請者の住所とすることを妨げない。	(1)の場合 ○	(2)の場合 ◎

5 無線従事者国家試験に関する事項 (1) 特殊無線技士並びに第三級及び第四級アマチュア無線技士の場合 (2) 総合、海上、航空及び陸上の各級無線従事者並びに第一級及び第二級アマチュア無線技士の場合	その無線従事者国家試験の施行地	(1)の場合 ○	(2)の場合 ◎

　なお、船舶局、航空機局、遭難自動通報局、無線航行移動局、ラジオ・ブイの無線局又は船舶地球局に係る工事落成届（電波法第18条本文の規定による検査を受けようとする場合の届出を含む。）については、任意の総合通信局長を経由して所轄の総合通信局長に提出することができる（施行52条２項）。

2 総合通信局の管轄区域等

名　　　称	〒番号	所　在　地	管　轄　区　域
北海道総合通信局	060-8795	札幌市北区北八条西2-1-1	北海道
東　北　〃	980-8795	仙台市青葉区本町3-2-23	青森、岩手、宮城、秋田、山形、福島
関　東　〃	102-8795	東京都千代田区九段南1-2-1	茨城、栃木、群馬、埼玉、千葉、東京、神奈川、山梨
信　越　〃	380-8795	長野市旭町1108	新潟、長野
北　陸　〃	920-8795	金沢市広坂2-2-60	富山、石川、福井
東　海　〃	461-8795	名古屋市東区白壁1-15-1	岐阜、静岡、愛知、三重
近　畿　〃	540-8795	大阪市中央区大手前1-5-44	滋賀、京都、大阪、兵庫、奈良、和歌山
中　国　〃	730-8795	広島市中区東白島町19-36	鳥取、島根、岡山、広島、山口
四　国　〃	790-8795	松山市味酒町2-14-4	徳島、香川、愛媛、高知
九　州　〃	860-8795	熊本市西区春日2-10-1	福岡、佐賀、長崎、熊本、大分、宮崎、鹿児島
沖縄総合通信事務所	900-8795	那覇市旭町1-9	沖縄

資料3　無線設備等の点検実施報告書の様式（施行41条の6、別表5号の3）

無線設備等の点検実施報告書

年　　　月　　　日

（何）総合通信局長　殿

免許人（予備免許を受けた者を含む。）の氏
名又は名称

長
辺

　　　　　　　　　　　　　　　　　　　　　　　　　　第10条第2項
私所属の無線局について無線設備等の点検を行ったので電波法第18条第2項の
　　　　　　　　　　　　　　　　　　　　　　　　　　第73条第4項
規定により点検結果通知書を添えて提出します。

点 検 年 月 日		無 線 局 の 種 別	
免 許 の 番 号		識 別 信 号	

点 検 を 行 っ た 場 所	
登 録 検 査 等 事 業 者 名	
備　　　　　　　考	

短　辺　　　　　（日本産業規格A列4番）

注1　沖縄県の区域においては、沖縄総合通信事務所長とする。
　2　点検の種別を区分する該当条項の不要の文字は削除すること。
　3　備考の欄には、電波法第10条第2項の点検である場合には「予備免許通知書
　　の番号」、同法第18条第2項の点検である場合には「変更許可通知書の番号」
　　を記載すること。
　4～7（略）

資料4　無線局免許状の様式（航空機局の例）

無　線　局　免　許　状

免許人の氏名又は名称	電波　太郎		
免許人の住所	東京都豊島区駒込2－3－10		
無線局の種別	航空機局	免許の番号	○空○○○号
免許の年月日	○○.○○.○○	免許の有効期間	無期限
無線局の目的	一般業務用		運用許容時間
			常　時
通信事項	航空機の運航に関する事項 （注）航空機の修理に関する事項		
通信の相手方	航空交通管制用の航空局、免許人所属の航空局、 飛行援助用の航空局、航空機局 （注）航空機修理事業者の航空局		
識別信号	JA○○○○		

無線設備の設置場所
JA○○○○

電波の型式、周波数及び空中線電力

```
    A3E      118 MHz から 121.4 MHz まで
             25 kHz 間隔の周波数　137 波
             121.5 MHz
             121.6 MHz から 135.975 MHz まで
             25 kHz 間隔の周波数　576 波              15 W
 14M5V1D   1090 MHz                                  250 W
     V1X   1041 MHz から 1083 MHz まで
             1000 kHz 間隔の周波数　43 波
             1094 MHz から 1150 MHz まで
             1000 kHz 間隔の周波数　57 波            100 W
```

備考
　（注）航空機修理事業者の航空局と通信を行う場合は、修理期間中に限る。
　　法律に別段の定めがある場合を除くほか、この無線局の無線設備を使用し、特定の相手方に対して行われる無線通信を傍受してその存在若しくは内容を漏らし、又はこれを窃用してはならない。

　　　　年　　月　　日

　　　　　　　　　　　　　　　　　○○総合通信局長　［印］

長辺

短　辺　　　　（日本産業規格A列4番）

資料5　周波数の許容偏差（設備5条、別表1号抜粋）

（周波数の許容偏差は、Hz 又は kHz を付したものを除き、百万分率である。）

周波数帯	無　線　局	周波数の許容偏差
1　9kHz を超え 526.5kHz 以下	3　移動局 （2）　航空機局 4　無線測位局	 100 100
3　1,606.5kHz を超え 4,000kHz 以下	2　陸上局 （1）　航空局（注12） （2）　その他の陸上局 　　ア　200W 以下のもの 　　イ　200W を超えるもの 3　移動局 （1）　生存艇及び救命浮機の送信設備 （2）　航空機局（注12） （3）　その他の移動局 4　無線測位局 （1）　ラジオ・ブイの無線局 （2）　その他の無線測位局 　　ア　200W 以下のもの 　　イ　200W を超えるもの	 10Hz 100 50 100 20Hz 50 100 20 10
4　4MHz を超え 29.7MHz 以下	2　陸上局 （1）　海岸局 （2）　航空局（注12） （3）　その他の陸上局 3　移動局 （1）　船舶局 　　ア　生存艇及び救命浮機の送信設備 　　イ　その他の送信設備 （2）　航空機局（注12） （3）　その他の移動局	 20Hz 10Hz 20 50 50Hz 20Hz 40
5　29.7MHz を超え 100MHz 以下	1　固定局、陸上局及び移動局 （1）　54MHz を超え 70MHz 以下のもの 　　ア　1W 以下のもの 　　イ　1W を超えるもの （2）　その他の周波数のもの 2　無線測位局	 20 10 20 50

6　100MHz を超え 470MHz 以下	2　陸上局	
	(1)　海岸局	
	ア　335.4MHz を超え 470MHz 以下のもの	
	㋐　1W 以下のもの	4
	㋑　1W を超えるもの	3
	イ　その他の周波数のもの	10
	(2)　航空局 (注45、54)	20
	(4)　その他の陸上局	
	ア　100MHz を超え 142MHz 以下のもの及び 　　162.0375MHz を超え 235MHz 以下のもの	15
	イ　142MHz を超え 162.0375MHz 以下のもの	
	㋐　1W 以下のもの	15
	㋑　1W を超えるもの	10
	ウ　235MHz を超え 335.4MHz 以下のもの	7
	エ　335.4MHz を超え 470MHz 以下のもの	
	㋐　1W 以下のもの	4
	㋑　1W を超えるもの	3
	3　移動局	
	(1)　船舶局	
	ア　156MHz を超え 174MHz 以下のもの	10
	イ　335.4MHz を超え 470MHz 以下のもの	
	㋐　1W 以下のもの	4
	㋑　1W を超えるもの	3
	ウ　その他の周波数のもの	
	㋐　生存艇及び救命浮機の送信設備	50
	㋑　その他の送信設備	
	A　1W 以下のもの	50
	B　1W を超えるもの	20
	(2)　航空機局 (注27、45)	30
	(3)　その他の移動局	
	ア　100MHz を超え 142MHz 以下のもの及び 　　162.0375MHz を超え 235MHz 以下のもの	15
	イ　142MHz を超え 162.0375MHz 以下のもの	
	㋐　1W 以下のもの	15
	㋑　1W を超えるもの	10
	ウ　235MHz を超え 335.4MHz 以下のもの	7
	エ　335.4MHz を超え 470MHz 以下のもの	
	㋐　1W 以下のもの	4
	㋑　1W を超えるもの	3
	4　無線測位局 (注29)	
	(1)　VOR の送信設備	20
	(2)　GBASの送信設備	2
	(3)　その他の無線測位局 (注30)	50

7　470MHz を超え 2,450MHz 以下	2　陸上局及び移動局 　(1)　810MHz を超え 960MHz 以下のもの 　(2)　その他の周波数のもの 9　無線測位局 (注29) 　(1)　地上 DME 及び地上タカンの送信設備 　(2)　機上 DME 及び機上タカンの送信設備 　(3)　SSR の送信設備 　　ア　モード S 機能を有するもの 　　イ　その他 　(4)　ATC トランスポンダの送信設備 　　ア　モード S 機能を有するもの 　　イ　その他 　(7)　その他の無線測位局	1.5 20 20 100kHz 10kHz 200kHz 1,000kHz 3,000kHz 500
8　2,450MHz を超え 10,500MHz 以下	2　陸上局及び移動局 3　無線測位局 　(1)　MLS 角度系 　(2)　その他の無線測位局 (注29)	100 10kHz 1,250
9　10.5GHz を超え 134GHz 以下	1　無線測位局 　(1)　車両感知用無線標定陸上局 　(2)　その他の無線測位局 (注29)	800 5,000

注 1　表中 Hz は、電波の周波数の単位で、ヘルツを、W 及び kW は、空中線電
　　力の大きさの単位で、ワット及びキロワットを表す。
　　2　表中の空中線電力は、すべて平均電力 (pY) とする。
　12　1,606.5kHz を超え 29,700kHz 以下の周波数の電波を使用する航空局又は航
　　空機局の送信設備（単側波帯の無線電話及び無線データ伝送のものを除く。)
　　については、その電波の周波数の許容偏差は、この表に規定する値にかかわら
　　ず、次の表のとおりとする。

周　波　数　帯	無　線　局	許容偏差 （百万分率）
1　1,606.5kHz を超え 4,000kHz 以 　下	1　航空局 　(1)　200W 以下のもの 　(2)　200W を超えるもの 2　航空機局	 100 50 100
2　4 MHz を超え 29.7MHz 以下	1　航空局 　(1)　500W 以下のもの 　(2)　500W を超えるもの 2　航空機局	 100 50 100

27 航空機用救命無線機及び航空機用携帯無線機の送信設備に使用する電波の周波数の許容偏差は、この表に規定する値にかかわらず次のとおりとする。

(1) A3X 電波又は A3E 電波 121.5MHz 及び 243MHz のもの $50(10^{-6})$

(2) G1B 電波 406MHz から 406.1MHz までのもの　　　　　　5kHz

29 次に掲げる送信設備に使用する電波の周波数の許容偏差は、この表に規定する値にかかわらず、指定周波数帯によることができる。この場合において、当該送信設備に指定する周波数及びその指定周波数帯は、総務大臣が別に告示する。

(1) 船舶又は航空機に設置する無線航行のためのレーダー

(2) 捜索救助用レーダートランスポンダ

(3) 10.5GHzから10.55GHzまで又は24.15GHzから24.25GHzまでの周波数の電波を使用する無線標定業務の無線局の送信設備

30 同時に2の周波数の電波を使用する ILS のローカライザの送信設備については、その電波の周波数の許容偏差は、この表に規定する値にかかわらず、$20(10^{-6})$とする。

45 G1D 電波を使用する送信設備については、その周波数の許容偏差は、この表に規定する値にかかわらず、次のとおりとする。

(1) 航空局　　　　　　　　　　　　　　　　　$2(10^{-6})$

(2) 航空機局　　　　　　　　　　　　　　　　$5(10^{-6})$

54 A3E電波を使用する周波数間隔が8.33kHzの周波数の電波を使用する航空局の無線設備にあっては、この表に規定する値にかかわらず、周波数の許容偏差は、$1(10^{-6})$とする。

資料6　占有周波数帯幅の許容値（設備6条、別表2号抜粋）

第1　占有周波数帯幅の許容値の表

電波の 型 式	占有周波 数帯幅の 許 容 値	備　　　　　考
A2A A2B A2D A2N A2X	5kHz	海上移動業務の無線局の無線設備で1,000ヘルツを超え2,200ヘルツ以下の変調周波数を使用するもの（生存艇及び救命浮機の送信設備を除く。）
	6kHz	118MHz を超え 142MHz 以下の周波数の電波を使用する航空局及び航空機局の無線設備（航空機用救命無線機の送信設備を除く。）
	6.5kHz	75MHz の周波数の電波を発射する無線標識局の無線設備
	6MHz	1,673MHz、1,680MHz 又は 1,687MHz の周波数の電波を使用する気象援助局の無線設備
	2.5kHz	前4項のいずれにも該当しない無線局の無線設備（生存艇及び救命浮機及び航空機用救命無線機の送信設備を除く。）
A3E	5.6kHz	周波数間隔が8.33kHzの周波数の電波を使用する航空局及び航空機局の無線設備
	6kHz	その他の無線局の無線設備（航空機用救命無線機を除く。）
F3E	8.5kHz	1　335.4MHz を超え 470MHz 以下の周波数の電波を使用する無線局（放送中継を行うものを除く。）の無線設備（450MHz を超え 467.58MHz 以下の周波数の電波を使用する船上通信設備を除く。） 2　810MHz を超え 960MHz 以下の周波数の電波を使用する無線局の無線設備
	16kHz	1　54MHz を超え 70MHz 以下の周波数の電波を使用する無線局（放送中継を行うものを除く。）の無線設備 2　142MHz を超え 162.0375MHz 以下の周波数の電波を使用する無線局の無線設備
	40kHz	200MHz 以下の周波数の電波を使用する無線局の無線設備で前各項のいずれにも該当しないもの
V1D	6MHz	ACAS（モードSの質問信号を使用するものを除く。）
	14.5MHz	ATC トランスポンダ
	40MHz	1　SSR（モードSの質問信号を使用するものに限る。） 2　ACAS（モードSの質問信号を使用するものに限る。）
V1X	1.5MHz	機上 DME
VXX	1.5MHz	地上 DME
WXX	700kHz	MLS 角度系

第46　G1D 電波 118MHz から 137MHz までの周波数の電波を使用する航空移動業務の無線局の無線設備の占有周波数帯幅の許容値は、16.8kHz とする。

資料7　スプリアス発射又は不要発射の強度の許容値（設備7条、別表3号抜粋）

2　スプリアス発射の強度の許容値又は不要発射の強度の許容値は、次のとおりとする。

(1)　帯域外領域におけるスプリアス発射の強度の許容値及びスプリアス領域における不要発射の強度の許容値

基本周波数帯	空中線電力	帯域外領域におけるスプリアス発射の強度の許容値	スプリアス領域における不要発射の強度の許容値
30MHz 以下	50W を超えるもの	50mW（船舶局及び船舶において使用する携帯局の送信設備にあっては、200mW）以下であり、かつ、基本周波数の平均電力より40dB低い値。ただし、単側波帯を使用する固定局及び陸上局（海岸局を除く。）の送信設備にあっては、50dB 低い値	基本周波数の搬送波電力より 60dB 低い値
	5W を超え50W 以下		50μW 以下
	1W を超え5W 以下		50μW 以下。ただし、単側波帯を使用する固定局及び陸上局（海岸局を除く。）の送信設備にあっては、基本周波数の尖頭電力より 50dB 低い値
	1W 以下	1mW 以下	50μW 以下
30MHz を超え54MHz 以下	50W を超えるもの	1mW 以下であり、かつ、基本周波数の平均電力より 60dB 低い値	50μW 以下又は基本周波数の搬送波電力より 70dB 低い値
	1W を超え50W 以下		基本周波数の搬送波電力より 60dB 低い値
	1W 以下	100μW 以下	50μW 以下
54MHz を超え70MHz 以下	50W を超えるもの	1mW 以下であり、かつ、基本周波数の平均電力より80dB 低い値	50μW 以下又は基本周波数の搬送波電力より 70dB 低い値
	1W を超え50W 以下		基本周波数の搬送波電力より 60dB 低い値
	1W 以下	100μW 以下	50μW 以下
70MHz を超え142MHz 以下及び144MHz を超え146MHz 以下	50W を超えるもの	1mW 以下であり、かつ、基本周波数の平均電力より 60dB 低い値	50μW 以下又は基本周波数の搬送波電力より 70dB 低い値
	1W を超え50W 以下		基本周波数の搬送波電力より 60dB 低い値
	1W 以下	100μW 以下	50μW 以下

142MHz を超え144MHz 以下及び146MHz を超え162.0375MHz 以下	50W を超えるもの	1mW 以下であり、かつ、基本周波数の平均電力より 80dB 低い値	50μW 以下又は基本周波数の搬送波電力より 70dB 低い値
	1W を超え50W 以下		基本周波数の搬送波電力より 60dB 低い値
	1W 以下	100μW 以下	50μW 以下
162.0375MHz を超え335.4MHz 以下	50W を超えるもの	1mW 以下であり、かつ、基本周波数の平均電力より 60dB 低い値	50μW 以下又は基本周波数の搬送波電力より 70dB 低い値
	1W を超え50W 以下		基本周波数の搬送波電力より 60dB 低い値
	1W 以下	100μW 以下	50μW 以下
335.4MHz を超え470MHz 以下	25W を超えるもの	1mW 以下であり、かつ、基本周波数の平均電力より 70dB 低い値	基本周波数の搬送波電力より 70dB 低い値
	1W を超え25W 以下	2.5μW 以下	2.5μW 以下
	1W 以下	2.5μW 以下	2.5μW 以下
470MHz を超え960MHz 以下	50W を超えるもの	20mW 以下であり、かつ、基本周波数の平均電力より 60dB 低い値	50μW 以下又は基本周波数の搬送波電力より 70dB 低い値
	25W を超え50W 以下		基本周波数の搬送波電力より 60dB 低い値
	1W を超え25W 以下	25μW 以下	25μW 以下
	1W 以下	100μW 以下	50μW 以下
960MHz を超えるもの	10W を超えるもの	100mW 以下であり、かつ基本周波数の平均電力より 50dB 低い値	50μW 以下又は基本周波数の搬送波電力より 70dB 低い値
	10W 以下	100μW 以下	50μW 以下

注　空中線電力は、平均電力の値とする。

9　118MHz から 142MHz までの周波数の電波を使用する平均電力が 25W 以下の航空移動業務の無線局の送信設備の帯域外領域におけるスプリアス発射の強度の許容値及びスプリアス領域における不要発射の強度の許容値は、2(1)に規定する値にかかわらず、次のとおりとする。

空中線電力	帯域外領域におけるスプリアス発射の強度の許容値	スプリアス領域における不要発射の強度の許容値
1W を超え 25W 以下	25μW 以下	25μW 以下
1W 以下	100μW 以下	50μW 以下

10 335.4MHz を超え 470MHz 以下の周波数の電波を使用する航空移動業務の無
線局、放送中継を行う無線局及びアマチュア局の送信設備の帯域外領域における
スプリアス発射の強度の許容値並びにスプリアス領域における不要発射の強度の
許容値は、2(1)及び4に規定する値にかかわらず、次のとおりとする。

空中線電力	帯域外領域におけるスプリ アス発射の強度の許容値	スプリアス領域における 不要発射の強度の許容値
50W を超えるもの	1mW 以下であり、かつ、基 本周波数の平均電力より 60dB 低い値	50μW 以下又は基本周波数 の搬送波電力より 70dB 低い 値
1W を超え 50W 以下		基本周波数の搬送波電力より 60dB 低い値
1W 以下	100μW 以下	50μW 以下

11 28MHz 以下の周波数の J3E 電波を使用する航空機局及び航空局の送信設備並
びに 22MHz 以下の周波数の J2D 電波（航空移動（R）業務の周波数に限る。）
を使用する航空機局の送信設備の不要発射の強度の許容値は、2及び3に規定す
る値にかかわらず、次のとおりとする。なお、この場合における参照帯域幅は、
2(2)に規定する値を準用する。

割当周波数からの周波数間隔	不要発射の強度の許容値
1.5kHz以上4.5kHz未満	基本周波数の尖頭電力より30dB低い値
4.5kHz以上7.5kHz未満	基本周波数の尖頭電力より38dB低い値
7.5kHz以上	基本周波数の尖頭電力より43dB低い値。ただし、航空局 であつて、空中線電力が50Wを超えるものは基本周波数 の搬送波電力より60dB低い値とし、空中線電力が50W以 下のものは50μW以下である値とする。

資料8　電波の型式の表示

電波の型式の表示は、主搬送波の変調の型式、主搬送波を変調する信号の性質、伝送情報の型式のそれぞれの記号を順に並べて表示する（施行４条の２）。

例、振幅変調で両側波帯を伝送する電話の電波の型式は、A3E と表示する。

主搬送波の変調の型式		記号	主搬送波を変調する信号の性質	記号	伝送情報の型式	記号
分　　　　類		記号	分　　　　類	記号	分　　　　類	記号
無　　変　　調		N	変調信号なし	0	無　　情　　報	N
振幅変調	両　側　波　帯	A	デジタル信号の単一チャネルで変調のための副搬送波を使用しないもの	1	電　　　信（聴覚受信）	A
	単側波帯・全搬送波	H				
	〃 ・低減搬送波	R				
	〃 ・抑圧搬送波	J			電　　　信（自動受信）	B
	独　立　側　波　帯	B	デジタル信号の単一チャネルで変調のための副搬送波を使用するもの	2		
	残　留　側　波　帯	C			ファクシミリ	C
角度変調	周　波　数　変　調	F				
	位　相　変　調	G	アナログ信号の単一チャネル	3	データ伝送・遠隔測定・遠隔指令	D
振幅変調及び角度変調であって同時に又は一定の順序で変調するもの		D				
パルス変調	無変調パルス列	P	デジタル信号の2以上のチャネル	7	電　　　話（音響の放送を含む。）	E
	変調パルス列	振　幅　変　調	K			
		幅変調又は時間変調	L			
		位置変調又は位相変調	M	アナログ信号の2以上のチャネル	8	テレビジョン（映像に限る。）	F
		パルス期間中に搬送波を角度変調	Q			
		上記の変調の組合せ又は他の方法による変調	V	デジタル信号の1又は2以上のチャネルとアナログ信号の1又は2以上のチャネルを複合	9	以上の型式の組　合　せ	W
上記に該当しないもので、振幅変調、角度変調又はパルス変調のうち2以上を組み合わせて、同時に、又は一定の順序で変調するもの		W				
そ　　の　　他		X	そ　　の　　他	X	そ　　の　　他	X

資料9 主任無線従事者・無線従事者選解任届の様式

(施行34条の4、別表3号)

主 任 無 線 従 事 者	選(解)任 届
無 線 従 事 者	

年 月 日

総務大臣 殿

　　　　　　　　　住　　　所

　　　　　　　　　氏名又は名称

次のとおり 主任無線従事者 を選(解)任したので，電波法
　　　　　　無 線 従 事 者

第39条第4項
第51条において準用する
第70条の9第3項において
第70条の9第3項において

同法第39条第4項
準用する同法第39条第4項　　　　　　　　　　の規定により届けます。
準用する同法第51条において準用する同法第39条第4項

従事する無線局の免許番号、識別信号及び無線設備の設置場所				
1　選任又は解任の別				
2　同　上　年　月　日				
3　主任無線従事者又は無線従事者の別				
4　主任無線従事者が監督を行う無線設備の範囲				
5　主任無線従事者が無線局の監督以外の業務を行うときはその業務の概要				
6　　（ふりがな）氏　　　　　名				
7　住　　　　　所				
8　資　　　　　格				
9　免　許　証　の　番　号				
10　無線従事者免許の年月日				
11　船舶局無線従事者証明書の番号				
12　船舶局無線従事者証明書の年月日				
13　無線設備の操作又は監督に関する業務経歴の概要				

長辺　　　辺

短　　　　　辺　　　　　　　（日本産業規格A列4番）

注1　電波法施行規則第51条の15第1項第1号に掲げる無線局に係る場合は、所轄総合通信局長あてとすること。

2　不要の文字は抹消すること。

3　3の欄は、主任無線従事者である場合に限り、「主任」と記入すること。

4　解任の場合には、1から3まで及び6の欄以外の欄の記載を省略することができる。

5　（略）

資料10　主任無線従事者講習受講申請書の様式（従事者73条第2項）

年　　月　　日

主任無線従事者講習受講申請書

公益財団法人 日本無線協会 殿

郵便番号
住　　　所

電話番号
携帯電話番号

フリガナ
氏　　　名

生年月日　　　　　　　　　年　　月　　日

次のとおり講習を受講したいので、無線従事者規則第７３条の規定により申請します。

長辺

受講する講習の区分			受講希望地	
主任無線従事者として選任されている無線局の免許人等又は電波法第70条の9第1項の規定により登録局を運用する当該登録局の登録人以外の者の氏名又は名称及び住所並びに電話番号	免許人名			
	免許人の住所及び電話番号			
選任されている無線局関係事項	免許番号			
	識別信号			
	無線設備の設置場所			
主任無線従事者として選任されている資格	資　格			
	免許証の番号			
	免許年月日			
主任無線従事者として選任された日				
既に受けた講習の区分		修了番号		修了年月日

※受付		※手数料		※講習実施日		※受講番号	

短　辺　　　　　　（日本産業規格Ａ列４番）

注1　申請手数料の払込みを証明する書類（振込金受取書の写し等）を添付して下さい。
　2　既に受けた講習の区分の欄は、直近に修了した講習について記入して下さい。
　3　※印の欄は、記入しないで下さい。
　4　氏名を自筆で記入したときは、押印を省略できます。

資料11　無線従事者免許・免許証再交付申請書の様式（従事者別表第11号様式）

```
                                    50              20

          無線従事者 ※□免        許    申請書
                    □免許証再交付              年  月  日         40

総務大臣（          ）殿

                   申請資格

        収入印紙ちょう付欄    氏  フリガナ（姓）      （名）
                           名  漢字（姓）        （名）              写真ちょう付欄
        （この欄にはりきれないと                                      1 申請者本人が写って
        きは、他を裏面下部にはっ     無線通信士、第一級海上特殊無線技士、アマチュア無線技士に                いるもの
        てください。                あっては、ヘボン式ローマ字による氏名が免許証に併記されます。  ヘボン式を    2 正面、無帽、無背景、
          また、申請者は消印しな     ヘボン式ローマ字による氏名表記を希望する場合に限り、希望します。→□        上三分身で6ヶ月以内
        いでください。                                                に撮影されたもの
                                  □に○印を記入し、下欄に活字体大文字で記入してください。               3 縦30mm×横24mm
                           LAST NAME（姓）（活字体大文字で記入）FIRST NAME（名）           4 写真に改許証に転写
                                                                 される際の枠からはみ
                           生年月日      年   月   日   所 持 人 自 署      出さないようにしてく
        （はりきれないときは裏面下部へ）                           無線通信士、第一級海上特殊無線技士      ださい     12
                                                      の場合は必ず署名してください。
                           住 〒
                           所  電話
                              日中の連絡先（  ）          （この署名は免許証にそのまま転写されますから、
                                                  枠にかかったり、はみ出さないようにしてください。）

        □ ※無線従事者規則第46条の規定により、免許を受けたいので（別紙書類を添えて）申請します。

   国家試験合格  受験番号                              （  年   月   日合格）
   養成課程修了  認定施設者の名称           実施場所（市区町村名）
              修了証明書の番号                        （  年   月   日修了）
                       現に有する資格            修了した認定講習      ※□はい
   資格、業務経歴等  資格            講習の種別                 該当する場合はその内容
                   免許証の番号        修了番号
                   免許の年月日        修了年月日
   学校卒業   学校卒業で資格を取得しようとする場合は□に✓印を記入してください。※ →□   □いいえ
   欠格事由の有無  無線従事者規則第45条第1項各号のいずれかに該当しますか。（いずれかの□に✓印を必ず記入してください。）

   下の欄に住民票コード又は現に有する無線従事者免許証、電気通信主任技術者資格  →※記入した番号の種類（いずれかの□に✓印を記入してください。）
   者証若しくは工事担任者資格者証の番号のいずれか1つを記入した場合は、氏名及           □ 住民票コード
   び生年月日を証する書類の提出を省略することができます。                       □ 無線従事者免許証の番号
   ┌─┬─┬─┬─┬─┬─┬─┬─┬─┬─┬─┬─┐                  □ 電気通信主任技術者資格者証の番号
   └─┴─┴─┴─┴─┴─┴─┴─┴─┴─┴─┴─┘                  □ 工事担任者資格者証の番号
          （左詰めで記入）

        □ ※無線従事者規則第50条の規定により、免許証の再交付を受けたいので（別紙書類を添えて）申請します。

                ※□ 汚損、破損したため    氏名を変更した場合は      変更前  フリガナ
   再交付申請の理由    □ 失ったため        右の欄に変更前の氏名を    の氏名  漢字
                  □ 氏名を変更したため   記入してください。→
```

注意
1　太枠内の所定の欄に黒インク又は黒ボールペンで記入してください。ただし、※のある欄では□枠内に✓印を記入してください。
2　この用紙は機械で読み取りますので、写真や所持人自署欄に折り目をつけたり、署名が枠にかかったり、はみ出さないようにしてください。
3　申請の際に必要な書類等は次のとおりです。

		免許申請に必要な書類
免許申請	国家試験合格	免許及び生年月日を証する書類
	養成課程修了	修了証明書等、氏名及び生年月日を証する書類
	資格、業務経歴等	業務経歴証明書、修了証明書（認定講習を受講した場合に限る。）、氏名及び生年月日を証する書類
	学校卒業	履修内容証明書（科目確認を受けていない学校を卒業した場合に限る。）、卒業証明書、氏名及び生年月日を証する書類
再交付申請	氏名変更	免許証、氏名の変更の事実を証する書類
	汚損、破損	汚損、又は破損した免許証

免許証の郵送を希望する
ときは所要の郵便切手をは
り、申請者の郵便番号、住
所及び氏名を記載した返信
用封筒を添えて、信書便の
場合はそれに準じた方法に
より申請してください。

（用紙は日本産業規格A列4番・白色）

（数字の単位は、ミリメートル）

注　総務大臣又は総合通信局長がこの様式に代わるものとして認めた場合は、
それによることができる。

資料12　航空特殊無線技士の無線従事者免許証の様式（従事者別表13号様式）

（表面）

無線従事者免許証

航空特殊無線技士

免許証の番号

免許の年月日

氏名

生年月日

写真

　上記の者は、無線従事者規則により、上記資格の免許を与えたものであることを証明する。

交付年月日

所轄総合通信局長　　印

←　85ミリメートル　→

54ミリメートル

（裏面）

注 意 事 項

1　法律に別段の定めがある場合を除くほか、特定の相手方に対して行われる無線通信を傍受してその存在若しくは内容を漏らし、又はこれを窃用してはならない。
2　業務に従事中はこの免許証を携帯していなければならない。

資料13　無線電話通信の略語（運用14条、別表4号）

略　　　　　語	意義又は左欄の略語に相当する無線電信通信の略符号
遭難、MAYDAY 又は メーデー	$\overline{SOS}$
緊急、PAN　PAN 又は パン　パン	XXX
警報、SECURITE 又は セキュリテ	TTT
衛生輸送体、MEDICAL 又は メディカル	YYY
非常	$\overline{OSO}$
各局	CQ 又は CP
医療	MDC
こちらは	DE
どうぞ	K
了解 又は OK	R 又は RRR
お待ち下さい	$\overline{AS}$
反復	RPT
ただいま試験中	EX
本日は晴天なり	VVV
訂正 又は CORRECTION	$\overline{HH}$
終り	$\overline{AR}$
さようなら	VA
誰かこちらを呼びましたか	QRZ?
明りょう度	QRK
感度	QSA
そちらは・・・（周波数、周波数帯又は通信路）に変えてください	QSU
こちらは・・・（周波数、周波数帯又は通信路）に変更します	QSW
こちらは・・・（周波数、周波数帯又は通信路）を聴取します	QSX
通報が・・・（通数）あります	QTC
通報はありません	QRU
INTERCO*	次に国際通信書による符号の集合が続きます。
通信停止遭難、SEELONCE MAYDAY 又は シーロンス　メーデー	QRT $\overline{SOS}$
通信停止遭難、SEELONCE DISTRESS 又は シーロンス　ディストレス	QRT DISTRESS
遭難通信終了、SEELONCE FEENEE 又は シーロンス　フィニィ	QUM
沈黙一部解除*、PRUDONCE* 又は プルドンス*	QUZ

注1　＊を付した略語は、航空移動業務並びに航空、航空の準備及び航空の安全に関する情報を送信するための固定業務において使用してはならない。

注2　国際通信においては、略語（MAYDAY、PAN PAN、SECURITE、SEELONCE MAYDAY、SEELONCE　FEENEE、PRUDONCE、CORRECTION、INTERCO 及びこれらに相当する略語を除く。）は、必要に応じてこれに相当する外国語に代えるものとする。

資料14　通話表（運用14条、別表5号）

1　和文通話表

文		字		
ア 朝日の　ア	イ いろはの　イ	ウ 上野の　ウ	エ 英語の　エ	オ 大阪の　オ
カ 為替の　カ	キ 切手の　キ	ク クラブの　ク	ケ 景色の　ケ	コ 子供の　コ
サ 桜の　サ	シ 新聞の　シ	ス すずめの　ス	セ 世界の　セ	ソ そろばんの ソ
タ 煙草の　タ	チ ちどりの　チ	ツ つるかめの ツ	テ 手紙の　テ	ト 東京の　ト
ナ 名古屋の ナ	ニ 日本の　ニ	ヌ 沼津の　ヌ	ネ ねずみの　ネ	ノ 野原の　ノ
ハ はがきの　ハ	ヒ 飛行機の　ヒ	フ 富士山の　フ	ヘ 平和の　ヘ	ホ 保険の　ホ
マ マッチの　マ	ミ 三笠の　ミ	ム 無線の　ム	メ 明治の　メ	モ もみじの　モ
ヤ 大和の　ヤ	——	ユ 弓矢の　ユ	——	ヨ 吉野の　ヨ
ラ ラジオの　ラ	リ りんごの　リ	ル るすいの　ル	レ れんげの　レ	ロ ローマの　ロ
ワ わらびの　ワ	ヰ ゐどの　ヰ	——	ヱ かぎのあるヱ	ヲ 尾張の　ヲ
ン おしまいの ン	゛ 濁点	゜ 半濁点	——	——
数		字		
一 数字の　ひと	二 数字の　に	三 数字の　さん	四 数字の　よん	五 数字の　ご
六 数字の　ろく	七 数字の　なな	八 数字の　はち	九 数字の きゅう	○ 数字の　まる
記		号		
ー 長音	、区切点	∟ 段落	⌒ 下向括弧	⌣ 上向括弧

注　数字を送信する場合には、誤りを生ずるおそれがないと認めるときは、通常
　　の発音による（例「1500」は、「せんごひゃく」とする。）か又は「数字の」語
　　を省略する（例「1500」は、「ひとごまるまる」とする。）ことができる。
　〔使用例〕
　　1　「ア」は、「朝日のア」と送る。
　　2　「バ」又は「パ」は、「はがきのハに濁点」又は「はがきのハに半濁点」
　　　　と送る。

2 欧文通話表

(1) 文 字

文字	使用する語	発 音 ラテンアルファベットによる英語式の表示 (国際音標文字による表示)
A	ALFA	AL FAH (´ælfə)
B	BRAVO	BRAH VOH (´bra:´vou)
C	CHARLIE	CHAR LEE (´tʃa:li) 又は SHAR LEE (´ʃa:li)
D	DELTA	DELL TAH (´deltə)
E	ECHO	ECK OH (´ekou)
F	FOXTROT	FOKS TROT (´fɔkstrɔt)
G	GOLF	GOLF (gɔlf)
H	HOTEL	HOH TELL (hou´tel)
I	INDIA	IN DEE AH (´indiə)
J	JULIETT	JEW LEE ETT (´dʒu:ljet)
K	KILO	KEY LOH (´ki:lou)
L	LIMA	LEE MAH (´li:mə)
M	MIKE	MIKE (maik)
N	NOVEMBER	NO VEM BER (no´vembə)
O	OSCAR	OSS CAH (´ɔskə)
P	PAPA	PAH PAH (pa´pa)
Q	QUEBEC	KEH BECK (ke´bek)
R	ROMEO	ROW ME OH (´roumiou)
S	SIERRA	SEE AIR RAH (si´erə)
T	TANGO	TANG GO (´tæŋgo)
U	UNIFORM	YOU NEE FORM (´ju:nifɔ:m) 又は OO NEE FORM (´u:nifɔrm)
V	VICTOR	VIK TAH (´viktə)
W	WHISKEY	WISS KEY (´wiski)
X	X-RAY	ECKS RAY (´eks´rei)
Y	YANKEE	YANG KEY (´jæŋki)
Z	ZULU	ZOO LOO (´zu:lu:)

注 ラテンアルファベットによる英語式の発音の表示において、下線を付してある部分は語勢の強いことを示す。
「使用例」「A」は、「AL FAH」と送る。

(2) 数字及び記号

数字及び記号	海上移動業務 国際通信 使用する語	海上移動業務 発音 ラテンアルファベットによる英語式の表示	国内通信 使用する語	航空移動業務 使用する語	航空移動業務 発音 ラテンアルファベットによる英語式の表示 / 国際音標文字による表示
0	NADAZERO	NAH-DAH-ZAY-ROH	数字のまる	ZERO	ZE-RO（zerou）
1	UNAONE	OO-NAH-WUN	数字のひと	ONE	WUN（wʌn）
2	BISSOTWO	BEES-SOH-TOO	数字のに	TWO	TOO（tu:）
3	TERRATHREE	TAY-RAH-TREE	数字のさん	THREE	TREE（tri:）
4	KARTEFOUR	KAR-TAY-FOWER	数字のよん	FOUR	FOW-er（fcɑ）
5	PANTAFIVE	PAN-TAH-FIVE	数字のご	FIVE	FIFE（faif）
6	SOXISIX	SOK-SEE-SIX	数字のろく	SIX	SIX（siks）
7	SETTESEVEN	SAY-TAY-SEVEN	数字のなな	SEVEN	SEV-en（seven）
8	OKTOEIGHT	OK-TOH-AIT	数字のはち	EIGHT	AIT（eit）
9	NOVENINE	NO-VAY-NINER	数字のきゅう	NINE	NIN-er（naine）
00				HUNDRED	HUN-dred（hʌndrəd）
000				THOUSAND	TOU-SAND（tauzənd）
・(小数点)	DECIMAL	DAY-SEE-MAL	小数点	DECIMAL	DAY-SEE-MAL（desimal）
・(終点)	STOP	STOP	終点		
（			右向括弧		
）			左向括弧		
／			斜線		

注1　ラテンアルファベットによる英語式の発音の表示において、大文字の部分は語勢の強いことを示す。

2　HUNDREDは、航空移動業務において、端数のない百位の数字の発音に使用する。

3　THOUSANDは、航空移動業務において、端数のない千位の数字又はHUNDREDの語を使用する数字における千位の数字の発音に使用する。

「使用例」「数字引」は、次のように送る。

数字	海上移動業務（国際通信）	航空移動業務
10	OO-NAH-WUN NAH-DAH-ZAY-ROH	WUN ZE-RO
75.7	SAY-TAY-SEVEN PAN-TAH-FIVE DAY-SEE-MAL SAY-TAY-SEVEN	SEV-en FIFE DAY-SEE-MAL SEV-en
100	OO-NAH-WUN NAH-DAH-ZAY-ROH NAH-DAH-ZAY-ROH	WUN HUN-dred
118	OO-NAH-WUN OO-NAH-WUN OK-TOH-AIT	WUN WUN AIT
118.1	OO-NAH-WUN OO-NAH-WUN OK-TOH-AIT DAY-SEE-MAL OO-NAH-WUN	WUN WUN AIT DAY-SEE-MAL WUN ZE-RO(注) WUN WUN AIT DAY-SEE-MAL WUN
118.125	OO-NAH-WUN OO-NAH-WUN OK-TOH-AIT DAY-SEE-MAL OO-NAH-WUN BEES-SOH-TOO PAN-TAH-FIVE	WUN WUN AIT DAY-SEE-MAL WUN TOO FIFE WUN WUN AIT DAY-SEE-MAL WUN TOO(注)
118.150	OO-NAH-WUN OO-NAH-WUN OK-TOH-AIT DAY-SEE-MAL OO-NAH-WUN PAN-TAH-FIVE NAH-DAH-ZAY-ROH	WUN WUN AIT DAY-SEE-MAL WUN FIFE ZE-RO WUN WUN AIT DAY-SEE-MAL WUN FIFE(注)
7600	SAY-TAY-SEVEN SOK-SEE-SIX NAH-DAH-ZAY-ROH NAH-DAH-ZAY-ROH	SEV-en TOU-SAND SIX HUN-dred
11000	OO-NAH-WUN OO-NAH-WUN NAH-DAH-ZAY-ROH NAH-DAH-ZAY-ROH NAH-DAH-ZAY-ROH	WUN WUN TOU-SAND
38143	TAY-RAH-TREE OK-TOH-AIT OO-NAH-WUN KAR-TAY-FOWER TAY-RAH-TREE	TREE AIT WUN FOW-er TREE

注　航空移動業務において、VHF周波数の識別を行う場合には、小数点の後に最大2けたまでの数字を送信するものとする。ただし、当該周波数が整数である場合には、小数点の後にZE-ROを1回送信するものとする。

資料15　航空移動業務に使用する電波の型式及び周波数の使用区別

（平成 7 年告示第559号　平成22年 8 月26日現在）

1　電波型式は次のとおりとする。

(1)　単側波帯の 28MHz 以下の周波数の電波を使用する場合の電波の型式は、J2D、J3E 又は H3E とする。

(2)　131.25MHz、131.45MHz 又は 131.95MHz の周波数の電波を使用する場合の電波の型式は、A2Dとする。

(3)　136.975MHz の周波数の電波を使用する場合の電波の型式は、G1D とする。

(4)　(1)から(3)まで以外の周波数の電波を使用する場合の電波の型式は、A3E とする。

2　使用周波数は、次の(1)から(14)までの区別に従い、それぞれに掲げる周波数とする。

(1)　航空移動業務を行う無線局相互間及び航空機局と海上移動業務を行う無線局との間で捜索救難のため通信を行う場合

　　　3,023kHz　5,680kHz　123.1MHz　243.0MHz

(2)　航空局と航空機局との間で飛行場管制に関する次の通信を行う場合

　(ア)　航空機の離着陸に関する通信

118.0MHz	118.025MHz	118.05MHz	118.1MHz	118.15MHz	118.2MHz
118.25MHz	118.3MHz	118.35MHz	118.4MHz	118.5MHz	118.55MHz
118.575MHz	118.6MHz	118.65MHz	118.7MHz	118.725MHz	118.75MHz
118.8MHz	118.85MHz	120.1MHz	122.0MHz	122.05MHz	122.2MHz
122.7MHz	122.9MHz	123.6MHz	124.3MHz	124.35MHz	126.2MHz
133.4MHz	135.9MHz				

　(イ)　飛行場内地上管制に関する通信

118.225MHz	118.65MHz	121.6MHz	121.625MHz	121.7MHz	121.75MHz
121.8MHz	121.85MHz	121.9MHz	121.95MHz	121.975MHz	122.075MHz
126.2MHz	133.0MHz				

(ウ) 管制承認の中継等に関する通信

118.8MHz	121.75MHz	121.8MHz	121.825MHz	121.85MHz	121.875MHz
121.9MHz	121.925MHz	122.075MHz			

(3) 航空局と航空機局との間において航空機の進入管制、ターミナル・レーダー管制又は着陸誘導管制に関する通信を行う場合

119.0MHz	119.025MHz	119.05MHz	119.1MHz	119.175MHz	119.2MHz
119.25MHz	119.4MHz	119.45MHz	119.5MHz	119.6MHz	119.65MHz
119.7MHz	119.75MHz	119.9MHz	120.0MHz	120.1MHz	120.2MHz
120.25MHz	120.3MHz	120.4MHz	120.45MHz	120.6MHz	120.65MHz
120.7MHz	120.8MHz	120.85MHz	120.9MHz	121.0MHz	121.025MHz
121.05MHz	121.1MHz	121.15MHz	121.175MHz	121.2MHz	121.225MHz
121.25MHz	121.275MHz	121.4MHz	122.0MHz	122.15MHz	122.35MHz
122.45MHz	122.9MHz	123.6MHz	123.85MHz	123.875MHz	124.0MHz
124.05MHz	124.2MHz	124.4MHz	124.7MHz	124.75MHz	124.8MHz
125.0MHz	125.1MHz	125.15MHz	125.2MHz	125.3MHz	125.4MHz
125.5MHz	125.525MHz	125.55MHz	125.8MHz	126.0MHz	126.2MHz
126.5MHz	127.5MHz	127.6MHz	127.7MHz	127.9MHz	127.95MHz
127.975MHz	128.7MHz	133.0MHz	133.4MHz	134.1MHz	134.55MHz

(4) 航空局と航空機局との間で航空路管制、飛行情報又は位置通報等に関する通信を行う場合

2,932kHz	2,998kHz	3,455kHz	4,666kHz	5,628kHz	5,667kHz
6,532kHz	6,655kHz	8,903kHz	8,951kHz	10,048kHz	11,330kHz
11,384kHz	13,273kHz	13,300kHz	17,904kHz	17,946kHz	21,925kHz
118.9MHz	119.3MHz	119.35MHz	120.5MHz	120.75MHz	120.975MHz
123.7MHz	123.775MHz	123.9MHz	124.1MHz	124.15MHz	124.5MHz
124.55MHz	124.9MHz	124.95MHz	125.6MHz	125.7MHz	125.9MHz
126.1MHz	126.4MHz	126.45MHz	126.6MHz	126.7MHz	126.75MHz
126.8MHz	126.85MHz	126.9MHz	126.95MHz	127.0MHz	127.05MHz

127.1MHz	127.15MHz	127.2MHz	127.25MHz	127.3MHz	127.4MHz
127.45MHz	127.5MHz	127.65MHz	127.8MHz	127.85MHz	128.125MHz
128.2MHz	128.25MHz	128.4MHz	128.45MHz	128.6MHz	128.8MHz
132.1MHz	132.25MHz	132.3MHz	132.35MHz	132.4MHz	132.45MHz
132.5MHz	132.6MHz	132.7MHz	132.9MHz	133.025MHz	133.15MHz
133.3MHz	133.35MHz	133.5MHz	133.55MHz	133.6MHz	133.7MHz
133.8MHz	133.85MHz	133.9MHz	134.0MHz	134.15MHz	134.25MHz
134.35MHz	134.4MHz	134.6MHz	134.65MHz	134.7MHz	134.75MHz
134.8MHz	134.85MHz	135.05MHz	135.1MHz	135.3MHz	135.5MHz
135.6MHz	135.65MHz	135.75MHz	135.8MHz	135.9MHz	

(5)　航空路情報又は飛行場情報に関するデータ通信を行う場合

　　131.25MHz　　131.45MHz　　131.95MHz　　136.975MHz

(6)　電気通信業務を行う航空局と航空機局との間で航空機の運航管理に関する音声通信を行う場合

　　129.1MHz　　129.225MHz　　129.475MHz　　129.8MHz　　130.0MHz　　130.1MHz

　　130.25MHz　　130.45MHz　　130.55MHz　　130.9MHz　　130.95MHz　　131.05MHz

　　131.1MHz　　131.2MHz　　131.7MHz　　131.75MHz　　131.85MHz　　132.05MHz

　　132.075MHz

(7)　電気通信業務を行う航空局と航空機局との間で航空機の運航管理に関するデータ通信を行う場合

　　131.25MHz　　131.45MHz　　131.95MHz　　136.975MHz

(8)　航空移動業務を行う無線局相互間で次に掲げる事務又は事業に関する通信を行う場合

　(ア)　科学技術事務

　　　129.95MHz

　(イ)　航空運送事業又は航空機使用事業

　　　122.425MHz(2)　123.5MHz(2)　　123.675MHz(2)　128.5MHz(2)　　128.9MHz(2)　　128.925MHz(2)

　　　128.975MHz(2)　129.0MHz(2)　　129.075MHz(2)　129.1MHz(1)(2)　129.15MHz(2)

129.25MHz(2)	129.3MHz(2)	129.325MHz(2)	129.425MHz(2)	129.45MHz(2)	129.525MHz(2)
129.55MHz(2)	129.575MHz(2)	129.6MHz(2)	129.65MHz(2)	129.7MHz(2)	129.8MHz(2)
129.85MHz(2)	129.9MHz(2)	130.0MHz(2)	130.05MHz(2)	130.1MHz(1)(2)	130.15MHz(2)
130.175MHz(1)(2)	130.2MHz(2)	130.25MHz(2)	130.35MHz(2)	130.4MHz(2)	130.45MHz(1)(2)
130.6MHz(2)	130.85MHz(2)	131.0MHz(2)	131.025MHz(2)	131.3MHz(2)	131.5MHz(2)
131.85MHz(1)(2)	131.9MHz(2)	133.1MHz(2)			

(ウ) 新聞事業

132.0MHz(2)	133.1MHz(2)	134.2MHz(2)	134.9MHz(2)	135.4MHz(2)

(エ) 航空機製造事業

122.4MHz

(オ) 航空機修理事業

122.4MHz	128.5MHz	130.1MHz	130.25MHz	131.3MHz

（注）　(1)は、沖縄県及びその周辺海域の上空以外において使用する場合に限る。

　　　　(2)は、当該周波数が割り当てられた航空局の免許人が開設する航空移動業務を行う無線局相互間で通信を行う場合に限る。

⑼　免許人加入団体所属の航空局と航空機局との間で通信を行う場合

131.125MHz(注)

（注）　この周波数の使用は、近畿総合通信局所轄区域に限る。

⑽　航空局（訓練用のものに限る。）と航空機局との間又は航空機局相互間で航空機の乗員訓練に関する通信を行う場合

122.9MHz	123.0MHz	123.35MHz	123.4MHz

⑾　航空機局相互間で気象状況及び航空機の相互の位置等飛行情報に関する通信を行う場合

122.6MHz	123.45MHz(注)

（注）　この周波数の使用は、航空局の VHF 周波数の通信圏外となる遠隔地及び洋上を航行する場合に限る。

⑿　航空機局と船舶に開設する無線局との間で航空機の航行の安全に関する通信を行う場合

122.6MHz

⒀　航空管制が行われていない飛行場において、航空局と航空機局との間で飛行
援助に関する通信を行う場合

122.7MHz(注)　123.5MHz　　129.0MHz　　129.8MHz　　129.9MHz　　130.05MHz

130.15MHz　　130.35MHz　　130.5MHz　　130.625MHz　130.65MHz　　130.675MHz

130.7MHz　　130.75MHz　　130.775MHz　130.8MHz　　131.5MHz

（注）　この周波数の電波は、東京都東京ヘリポートにおいてのみ使用すること
ができる。

⒁　災害発生時に救助活動等を行うための臨時の離発着場周辺において、航空局
と航空機局との間で飛行援助に関する通信若しくは航空機局相互間で救援活動
等に関する連携のための通信を行う場合又はそれらの訓練に関する通信を行う
場合

122.95MHz　　123.25MHz　　123.45MHz　　129.75MHz　　130.3MHz　　131.15MHz

131.8MHz　　131.875MHz　131.925MHz　131.975MHz　135.85MHz　　135.95MHz

3　航空移動業務の無線局相互間における送信及び受信は、同一の周波数の電波に
より行うものとする。

資料16　無線局検査結果通知書の様式（施行39条　別表4号）

第1　電波法第10条第1項、第18条第1項又は第73条第1項本文、同項ただし書、第5項若しくは第6項の規定による検査（電波法第10条第2項、第18条第2項又は第73条第4項の規定によりその一部が省略されたものを除く。）の結果通知書の様式

```
                                          第        号
                                          年   月   日

          無 線 局 検 査 結 果 通 知 書

    （免許人等又は予備免許を受けた者）殿

                              （何）総合通信局長　印
```

長辺

識 別 信 号		検査職員の所属	
免 許 の 番 号			
検 査 年 月 日	年　月　日	検査職員の官職	
検 査 地		氏　　　名	
検 査 の 判 定	合格又は不合格	不合格の理由	
指 示 事 項			

注　指示事項欄に記載がある場合は、電波法施行規則第39条第3項の規定により、当該指示事項に対応してとった措置の内容を速やかに報告してください。

短辺　　　　　　　　（日本産業規格A列4番）

注1　「（何）総合通信局長」とある部分は、沖縄総合通信事務所にあっては沖縄総合通信事務所長とする。

　2　（略）

第2　電波法第10条第2項、第18条第2項又は第73条第4項の規定により検査の
　　一部を省略した場合の検査結果通知書の様式

<table>
<tr><td colspan="2"></td><td>第　　　　　号</td></tr>
<tr><td colspan="2"></td><td>年　　月　　日</td></tr>
</table>

無　線　局　検　査　結　果　通　知　書

（免許人等又は予備免許を受けた者）殿

（何）総合通信局長　　印

<table>
<tr><td>識　別　信　号</td><td></td><td>検 査 年 月 日</td><td></td></tr>
<tr><td>免 許 の 番 号</td><td></td><td>無線局の種別</td><td></td></tr>
<tr><td rowspan="2">検 査 の 判 定</td><td>合格又は不合格</td><td colspan="2">不 合 格 の 理 由</td></tr>
<tr><td></td><td colspan="2"></td></tr>
<tr><td>指 示 事 項</td><td colspan="3"></td></tr>
</table>

長辺

注　指示事項欄に記載がある場合は、電波法施行規則第39条第2項の
　　規定により、当該指示事項に対応してとった措置の内容を速やかに
　　報告してください。

短　　　辺　　　　　　（日本産業規格A列4番）

注1　「（何）総合通信局長」とある部分は、沖縄総合通信事務所にあっては沖縄総
　　合通信事務所長とする。
　　2　（略）

資料17　無線局検査省略通知書の様式（施行39条2項、別表4号の2）

```
                                         第        号
                                         年  月  日

              無線局検査省略通知書


  （免許人）　殿

                            （何）総合通信局長　印

    貴所属の下記無線局については、電波法第73条第3項の規定に基づき、
  同条第1項の規定に基づく検査を省略することとしたので通知します。
                        記
    1  識別信号
    2  免許の番号
    3  検査年月日
    4  無線局の種別
```

　　　　　　　　　　　　　　短　辺　　　　　　　（日本産業規格A列4番）

注1　「（何）総合通信局長」とある部分は、沖縄総合通信事務所にあっては沖縄総
　　合通信事務所長とする。
　2　検査を省略する無線局が複数ある場合には、本通知書の各項目の内容の対応
　　関係を明確にした上で一括して記載することを可とする。　該当欄に記載でき
　　ない場合は、別紙として添付することができる。
　3　（略）

資料18　無線業務日誌の様式例

（表紙のうら—留意事項等）

無線業務日誌の記載方法

1　「無線従事者の氏名等」欄には、この頁の該当欄の記号を書き、主任無線従事者が選任されている場合は、その監督を受けて操作を行う者（無資格者等）を含みます。

2　「電波の型式及び周波数」欄については、1と同様記号で書くことができます。

3　「通信事項等の区別」欄には、次の区分により該当する事項の数字または記号を書きます。
①遭難通信　②緊急通信　③安全通信　④非常通信　⑤一般通信　①空電、混信、受信感度の減退等の通信状態　②周波数の偏差を測定したときはその結果と措置　③機器の故障の事実、原因、措置　④電波の規正について指示を受けたときはその事実と措置　⑤法令違反を認めた場合はその事実（報告）　⑥時計を標準時に合わせたときは、時計の遅速　⑦船舶の航行に関する事項　⑧自局の航行の時刻(発着又は寄港の時刻等)　安全に関する通信の概要　⑧自局の航行の航程（発着又は寄港の時刻等）　後8時に記した船舶の位置　⑩法第80条第3号(外国における制限の事実、措置　⑪航行中正午及び午前0時における船舶の位置　⑫使用電波、死電波時刻、死電波、死電波(電圧)　⑬無線設備の維持の概要　⑭電波の伝わり方、方向、気象状況、レーダーの維持の概要　⑮その他参考となる事項

◎　無線業務日誌に関する法令の規定は裏表紙に掲載
注　無線業務日誌の各欄の外には上記を略記してあります。

記号	主任従事者・従事者の別その他	氏名	資格（略記）	選任の日	解任の日	備考
A	主任無線従事者			・・	・・	主任講習受講・・
B	主任無線従事者			・・	・・	主任講習受講・・
C	無線従事者			・・	・・	
D	無線従事者			・・	・・	
E						
F						
G						
H						

遭難自動通報設備の機能試験の記録（施行38条の4）	実施の日 年　月　日	結果記録

無線設備の設置場所	（　　　　　）
免許番号（年月日）	
免許の有効期限	まで　再免—満了前3箇月以上6箇月
電波の型式及び周波数（記号）	W
運用許容時間	常時
無線局管理責任者	
備考（無線局管理規程の改正・その他）	

電波利用料納付の領収（法103条の2）	納付者番号等	金額（円）	納付の日	備考

──── 留意事項 ────

1　この無線業務日誌は、電波法施行規則第40条の規定に基づく記載したものであります。

2　法第39条の規定により、この局の無線設備の操作を行うことができる無線従事者以外の者は、運任された主任無線従事者の監督下でなければ無線設備の操作を行うことができません。

3　主任無線従事者は、運任後一定期間ごとに主任講習を受けなければなりません。ただし、特定船舶局等については、受講を要しないこととなっています。

4　電波の型式及び周波数欄には、それぞれ記号を付し、その記号を日誌に記載してもよいでしょう。

（日誌記載欄）

年月日 ｜ 通信に関する事項の記入時間（略する時間） 開始 終了 ｜ 無線従事者の氏名等 ｜ 相手局（識別信号） ｜ 使用電波の型式等 自局・相手 ｜ 空中線電力 ｜ 通信事項区別 ＊ ｜ 同通信時間 ｜ 通信状況（通信度 強度 自局・相手／明瞭度／混信／空電） ｜ 記事

＊通信事項等の区別記号の略記： ⑤遭難 ⊗緊急 ⑦安全 ⓪非常 ①空電・混信 ②周波数測定 ③機器故障 ④電波規正 ⑤法令違反局 ⑥時計照合 ⑦位置 ⑧船程 ⑨正午、20時
設法80条3号 ⑩レーダー ⑬レーダー ⑭漁業通信 ⑮その他 ⑪機能試験 設器電池

資料19　無線局免許状訂正申請書の様式（免許第22条別表6号の5）（総務大臣又は総合通信局長がこの様式に代わるものとして認めた場合は、それによることができる。）

<table>
<tr><td colspan="2" align="center">無線局免許状訂正申請書</td></tr>
</table>

無線局免許状訂正申請書

　　　　　　　　　　　　　　　　　　　　　　　　　年　　　月　　　日

総務大臣　殿（注1）

　電波法第21条の規定により、無線局の免許状の訂正を受けたいので、下記のとおり申請します。

記

1　申請者（注2）

住　　所	都道府県－市区町村コード　〔　　　　　　　　　〕
	〒（　　　－　　　）
氏名又は名称及び代表者氏名	フリガナ

2　免許状の訂正に関する事項（注3）

①　無線局の種別及び局数	
②　識別信号	
③　免許の番号又は包括免許の番号	
④　訂正を受ける箇所及び訂正を受ける理由	

3　申請の内容に関する連絡先

所属、氏名	フリガナ
電話番号	
電子メールアドレス	

長

辺

短　　　　　辺　　　　　（日本産業規格A列4番）

注の記載省略

資料20　無線局の免許状の再交付申請書及び登録局の登録状の再交付申請書の様式
（免許第23条及び第25条の22の２、別表６号の８）（総務大臣又は総合通信局長が
この様式に代わるものとして認めた場合は、それによることができる。）

免許状（登録状）再交付申請書

年　　月　　日

総務大臣　殿（注１）

収入印紙貼付欄
（注２）

□無線局免許手続規則第23条第１項の規定により、無線局の免許状の再交付を受けたい
　ので、下記のとおり申請します。
□無線局免許手続規則第25条の22の２第１項の規定により、登録局の登録状の再交付を
　受けたいので、下記のとおり申請します。
（注３）

記（注４）

長

1　申請者（注５）

住　　所	都道府県－市区町村コード　〔　　　　　　　　　　〕
	〒（　　－　　）
氏名又は名称及び代表者氏名	フリガナ

辺

2　再交付に関する事項（注６）

① 無線局の種別及び局数	
② 識別信号	
③ 免許の番号、包括免許の番号又は登録の番号	
④ 再交付を求める理由	

3　申請の内容に関する連絡先

所属、氏名	フリガナ
電話番号	
電子メールアドレス	

短　　辺　　（日本産業規格Ａ列４番）

注の記載省略

資料21　人の生命又は身体の安全の確保のためその適正な運用の確保が必要な無線局(定期検査の省略が行われない無線局)(登録検査等事業者等規則第15条要約)

分　　類	対象となる無線局
1　国等の機関が免許人で、国民の安心・安全を確保することを直接の目的とする無線局として、電波利用料の納付を要しないもの又は電波利用料が2分の1に減額されるもの	警察、消防、出入国管理、刑事施設等管理、航空管制、気象警報、海上保安、防衛、水防、災害対策、防災行政等の目的のために免許(承認)された無線局
2　放送局	地上基幹放送局及び衛星基幹放送局
3　地球局	一般放送及び衛星基幹放送の業務の用に供する地球局
4　人工衛星局	一般放送の業務の用に供する人工衛星局
5　船舶に開設する無線局	船舶局(旅客船の船舶局に限る。)及び船舶地球局(旅客船及び1の分類に属する無線局を開設する船舶の船舶地球局に限る。)
6　航空機に開設する無線局	航空機局及び航空機地球局
7　総務大臣が告示する無線局（総務省告示第277号）	・公共業務用の無線局(通信事項が航空保安事務に関する事項、無線標識に関する事項、航空無線航行に関する事項、航空交通管制に関する事項又は航空機の安全及び運行管理に関する事項の無線局の場合に限る。) ・放送事業用の無線局(固定局に係るものに限る。) ・一般業務用の無線局(通信事項が飛行場における航空機の飛行援助に関する事項の無線局の場合に限る。)

資料22　電波利用料に係る無線局の区分と金額（年額）の表（法103条の2、別表6 抜粋）

（令和元年10月改定）

無　　線　　局　　の　　区　　分						金　額（円）
1　移動する無線局（3から5までの項及び8の項に掲げるものを除く。）	470MHz以下の周波数の電波を使用するもの	航空機局又は船舶局				400
		その他のもの				400
	470MHzを超え3,600MHz以下の周波数の電波を使用するもの	航空機局若しくは船舶局又はこれらの無線局が使用する電波の周波数と同一の周波数の電波のみを使用するもの				400
		その他のもの	使用する電波の周波数の幅が6MHz以下のもの			400
			使用する電波の周波数の幅が6MHzを超え15MHz以下のもの	空中線電力	0.05W以下のもの	900
					0.05Wを超え0.5W以下のもの	19,000
					0.5Wを超えるもの	1,794,800
			使用する電波の周波数の幅が15MHzを超え30MHz以下のもの	空中線電力	0.05W以下のもの	1,700
					0.05Wを超え0.5W以下のもの	19,000
					0.5Wを超えるもの	6,054,700
			使用する電波の周波数の幅が30MHzを超えるもの	空中線電力	0.05W以下のもの	3,800
					0.05Wを超え0.5W以下のもの	19,000
					0.5Wを超えるもの	8,054,700
	3,600MHzを超え6,000MHz以下の周波数の電波を使用するもの	使用する電波の周波数の幅が100MHz以下のもの				400
		使用する電波の周波数の幅が100MHz以下を超えるもの				85,300
	6,000MHzを超える周波数の電波を使用するもの					400
2　移動しない無線局であって移動する無線局又は携帯して使用するための受信設備と通信を行うため陸上に開設するもの（6の項及び8の項に掲げるものを除く。）	470MHz以下の周波数の電波を使用するもの	空中線電力が0.01W以下のもの				2,600
		空中線電力が0.01Wを超えるもの				5,900
	470MHzを超え3,600MHz以下の周波数の電波を使用するもの	電波の周波数の幅が6MHzを超えるものであって、電波を発射しようとする場合において当該電波と周波数を同じくする電波を受信することにより一定の時間当該周波数の電波を発射しないことを確保する機能を有するもの		設置場所	第一地域内	81,400
					第二地域内	44,400
					第三地域内	14,700
					第四地域内	7,500
		その他のもの	空中線電力が0.01W以下のもの			2,600
			空中線電力が0.01Wを超えるもの			19,000
	3,600MHzを超え6,000MHz以下の周波数の電波を使用するもの		空中線電力が0.01W以下のもの			2,600
			空中線電力が0.01Wを超えるもの			5,900
	6,000MHzを超える周波数の電波を使用するもの					2,600
5　自動車、船舶その他の移動するものに開設し、又は携帯して使用するために開設する無線局であって、人工衛星局の中継により無線通信を行うもの（8の項に掲げる無線局を除く。）						2,700

3、4及び6から9まで省略

資料23　航空法令の関係規定の概要
　航空移動業務の通信は、航空法令の規定や用語と密接に関連している部分が多い。ここでは、教科書に掲載されている航空法及び同施行規則の関係条文や航空移動業務の通信に関係のある条文を、以下に列記する。

1　航空法
（この法律の目的）
第1条　この法律は、国際民間航空条約の規定並びに同条約の附属書として採択された標準、方式及び手続に準拠して、航空機の航行の安全及び航空機の航行に起因する障害の防止を図るための方法を定め、並びに航空機を運航して営む事業の適正かつ合理的な運営を確保して輸送の安全を確保するとともにその利用者の利便の増進を図ること等により、航空の発達を図り、もって公共の福祉を増進することを目的とする。

（定義）
第2条（抜粋）
1～11　（略）
12　この法律において「航空交通管制区」とは、地表又は水面から200メートル以上の高さの空域であって、航空交通の安全のために国土交通大臣が告示で指定するものをいう。
13　この法律において「航空交通管制圏」とは、航空機の離陸及び着陸が頻繁に実施される国土交通大臣が告示で指定する空港等並びにその付近の上空の空域であって、空港等及びその上空における航空交通の安全のために国土交通大臣が告示で指定するものをいう。
14　この法律において「航空交通情報圏」とは、前項に規定する空港等以外の国土交通大臣が告示で指定する空港等及びその付近の上空の空域であって、空港等及びその上空における航空交通の安全のために国土交通大臣が告示で指定するものをいう。

15〜17 （略）

18 この法律において「航空運送事業」とは、他人の需要に応じ、航空機を使用して有償で旅客又は貨物を運送する事業をいう。

19〜20 （略）

21 この法律において「航空機使用事業」とは、他人の需要に応じ、航空機を使用して有償で旅客又は貨物の運送以外の行為の請負を行う事業をいう。

（業務範囲）

第28条 別表の資格の欄に掲げる資格の技能証明を有する者でなければ、同表の業務範囲の欄に掲げる行為を行ってはならない。ただし、定期運送用操縦士、事業用操縦士、自家用操縦士、准定期運送用操縦士、一等航空士、二等航空士若しくは航空機関士の資格の技能証明を有する者が受信のみを目的とする無線設備の操作を行う場合又はこれらの技能証明を有する者で電波法第40条第1項の無線従事者の資格を有する者が、同条第2項の規定に基づき行うことができる無線設備の操作を行う場合は、この限りでない。

（別表）（抜粋）

資　格	業務範囲
航空通信士	航空機に乗り組んで無線設備の操作を行うこと。

（航空機の航行の安全を確保するための装置）

第60条 国土交通省令で定める航空機には、国土交通省令で定めるところにより航空機の姿勢、高度、位置又は針路を測定するための装置、無線電話その他の航空機の航行の安全を確保するために必要な装置を装備しなければ、これを航空の用に供してはならない。ただし、国土交通大臣の許可を受けた場合は、この限りでない。

（航空機に乗り組ませなければならない者）

第66条 次の表の航空機の欄に掲げる航空機には、前条の航空従事者のほか、第28

条の規定により同表の業務の欄に掲げる行為を行うことができる航空従事者を乗り組ませなければならない。

（表：抜粋）

航空機	業務
第60条の規定により無線設備（受信のみを目的とするものを除く。）を装備して航行する航空機	左欄に掲げる無線設備の操作

2　（省略）

（航空交通の指示）

第96条　航空機は、航空交通管制区又は航空交通管制圏においては、国土交通大臣が安全かつ円滑な航空交通の確保を考慮して、離陸若しくは着陸の順序、時期若しくは方法又は飛行の方法について与える指示に従って航行しなければならない。

2　（略）

3　航空機は、次に掲げる航行を行う場合は、第1項の規定による国土交通大臣の指示を受けるため、国土交通省令で定めるところにより国土交通大臣に連絡した上、これらの航行を行わなければならない。

　一　航空交通管制圏に係る空港等からの離陸及び当該航空交通管制圏におけるこれに引き続く上昇飛行

　二　航空交通管制圏に係る空港等への着陸及び当該航空交通管制圏におけるその着陸のための降下飛行

　三　前2号に掲げる航行以外の航空交通管制圏における航行

　四〜六　（略）

4　航空機は、前項各号に掲げる航行を行っている間は、第1項の規定による指示を聴取しなければならない。

5　国土交通大臣は、航空交通管制圏ごとに、前2項の規定による規制が適用される時間を告示で指定することができる。

6　前項の規定により指定された時間以外の時間のうち国土交通大臣が告示で指定
する時間において第3項第1号から第3号までに掲げる航行を行う場合について
は、次条第1項及び第2項（第1号に係る部分に限る。）の規定を準用する。

（航空交通情報の入手のための連絡）

第96条の2　航空機は、航空交通情報圏又は民間訓練試験空域において航行を行う
場合は、当該空域における他の航空機の航行に関する情報を入手するため、国土
交通省令で定めるところにより国土交通大臣に連絡した上、航行を行わなければ
ならない。ただし、前条第1項の規定による指示に従っている場合又は連絡する
ことが困難な場合として国土交通省令で定める場合は、この限りでない。

2　航空機は、次に掲げる航行を行っている間は、前項の規定による情報を聴取し
なければならない。ただし、前条第1項の規定による指示に従っている場合又は
聴取することが困難な場合として国土交通省令で定める場合は、この限りでない。

一　航空交通情報圏における計器飛行方式による航行

二　民間訓練試験空域における第95条の3の国土交通省令で定める飛行

3　（略）

（飛行計画及びその承認）

第97条　航空機は、計器飛行方式により、航空交通管制圏若しくは航空交通情報圏
に係る空港等から出発し、又は航空交通管制区、航空交通管制圏若しくは航空交
通情報圏を飛行しようとするときは、国土交通省令で定めるところにより国土交
通大臣に飛行計画を通報し、その承認を受けなければならない。承認を受けた飛
行計画を変更しようとするときも、同様とする。

2　航空機は、前項の場合を除き、飛行しようとするとき（国土交通省令で定める
場合を除く。）は、国土交通省令で定めるところにより国土交通大臣に飛行計画
を通報しなければならない。ただし、あらかじめ飛行計画を通報することが困難
な場合として国土交通省令で定める場合には、飛行を開始した後でも、国土交通
省令で定めるところにより国土交通大臣に飛行計画を通報することができる。

3　（略）

4　第1項又は第2項の規定により、飛行計画の承認を受け、又は飛行計画を通報
　　した航空機は、航空交通管制区、航空交通管制圏又は航空交通情報圏において航
　　行している間は、国土交通大臣に当該航空機の位置、飛行状態その他国土交通省
　　令で定める事項を通報しなければならない。

2　航空法施行規則

（航空保安無線施設の種類）

第97条　第1条（注、航空保安施設）第1号に掲げる航空保安無線施設の種類は次
　　のとおりとする。

　　一　NDB（無指向性無線標識施設をいう。）

　　二　VOR（超短波全方向式無線標識施設をいう。）

　　三　タカン

　　四　ILS（計器着陸用施設をいう。）

　　五　DME（距離測定装置をいう。）

　　六　衛星航法補助施設

（航空機の航行の安全を確保するための装置）

第146条　法第60条の規定により、管制区、管制圏、情報圏又は民間訓練試験空域
　　を航行する航空機に装備しなければならない装置は、次の各号に掲げる場合に応
　　じ、それぞれ、当該各号に掲げる装置であって、当該各号に掲げる数量以上のも
　　のとする。

　　一　管制区又は管制圏を航行する場合　いかなるときにおいても航空交通管制機
　　　　関と連絡することができる無線電話　1（航空運送事業の用に供する最大離陸
　　　　重量が5700キログラムを超える飛行機にあっては、2）

　　二　管制区又は管制圏のうち、計器飛行方式又は有視界飛行方式の別に国土交通
　　　　大臣が告示で指定する空域を当該空域の指定に係る飛行の方式により飛行する
　　　　場合　4096以上の応答符号を有し、かつ、モードAの質問電波又はモード3の

質問電波に対して航空機の識別記号を応答する機能及びモードCの質問電波に
対して航空機の高度を応答する機能を有する航空交通管制用自動応答装置　1
　三　情報圏又は民間訓練試験空域を航行する場合（第202条の5第1項第1号又
は第2項第1号に該当する場合を除く。）いかなるときにおいても航空交通管
制機関又は当該空域における他の航空機の航行に関する情報（以下「航空交通
情報」という。）を提供する機関と連絡することができる無線電話　1

第150条　（救急用具）

1～3　（略）

4　航空機は、次の表の左欄に掲げる区分に応じ、それぞれ同表の中欄に掲げる数
量の航空機用救命無線機を同表の右欄に掲げる条件に従って装備しなければなら
ない。

区　　分			数量	条　　件
1	イ　航空運送事業の用に供する飛行機	客席数が19を超えるもの	最初の法第10条第1項の規定による耐空証明又は国際民間航空条約の締約国たる外国による耐空性についての証明その他の行為（以下この表において「耐空証明等」という。）が平成20年6月30日以前になされたもの（衝撃により自動的に作動する航空機用救命無線機を装備するものに限る。）	1	1　航空機用救命無線機は、121.5MHzの周波数の電波及び406MHzの周波数の電波を同時に送ることができるものでなければならない。2　飛行機（最初の耐空証明等が平成20年7月1日以後になされたものに限る。）及び回転翼航空機に装備する航空機用救命無線機の一は、衝撃により自動的に作動するものでなければならない。3　2の項イ又はロに掲げる飛行をする回転翼航空機に装備する航空機用救命無線機（前号に掲げるものを除く。）の一は、手動によりこれを作動させることができるものであり、かつ、救命胴衣若しくはこれに相当する救急用具又は救命ボートに装備しなければならない。
			最初の耐空証明等が平成20年6月30日以前になされたもの（衝撃により自動的に作動する航空機用救命無線機を装備するものを除く。）及び最初の耐空証明等が平成20年7月1日以後になされたもの	2	
		客席数が19を超えないもの		1	
	ロ　イに掲げる飛行機以外の飛行機			1	
2	イ　多発の回転翼航空機が緊急着陸に適した陸岸から巡航速度で10分に相当する飛行距離以上離れた水上を飛行する場合			2	
	ロ　単発の回転翼航空機がオートロテイションにより陸岸に緊急着陸することが可能な地点を越えて水上を飛行する場合			2	

	ハ　回転翼航空機がイ又はロに掲げる飛行以外の飛行をする場合	1	
3	1及び2に掲げる航空機以外の航空機が緊急着陸に適した陸岸から巡航速度で30分に相当する飛行距離又は185kmのいずれか短い距離以上離れた水上を飛行する場合	1	

（航空交通情報の入手のための連絡）

第202条の4　航空機は、法第96条の2第1項（法第96条第6項の規定により準用する場合を含む。）の規定により、管制圏、情報圏又は民間訓練試験空域において航行を行う場合は、それぞれの空域ごとに国土交通大臣が告示で定める航空交通情報の提供に関する業務を行う機関に連絡しなければならない。

（位置通報）

第209条　法第97条第4項の規定により国土交通大臣に位置等を通報すべき航空機は、計器飛行方式により飛行する航空機にあっては位置通報点として国土交通大臣が告示した地点において、その他の航空機にあっては管制業務又は交通情報の提供に関する業務を行う機関が指示した地点において、次に掲げる事項を管制業務又は航空交通情報の提供に関する業務を行う機関に通報しなければならない。

一　当該航空機の登録記号又は無線呼出符号

二　当該地点における時刻及び高度

三　次の位置通報点の予定到着時刻（法第97条第1項の承認を受けた航空機に限る。）

四　予報されない特殊な気象状態

五　その他航空機の航行の安全に影響のある事項

資料24　計器飛行方式（IFR）の飛行例

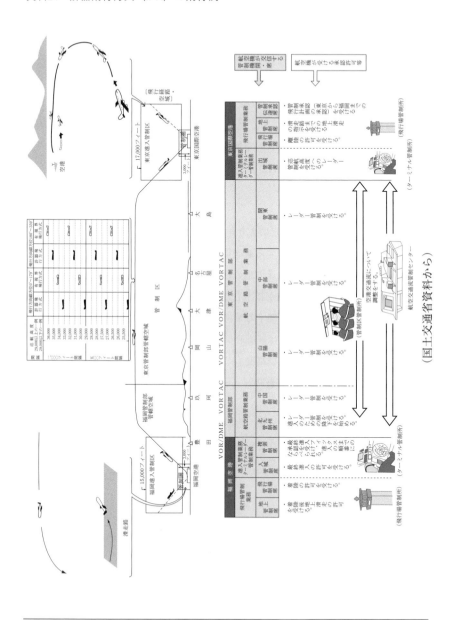

（国土交通省資料から）

資料25　有視界飛行方式（VFR）の飛行例

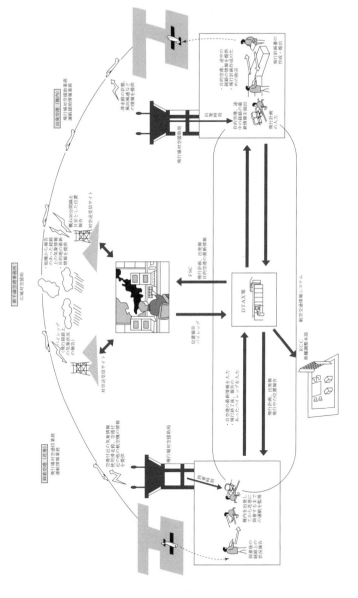

（国土交通省資料から）

付録

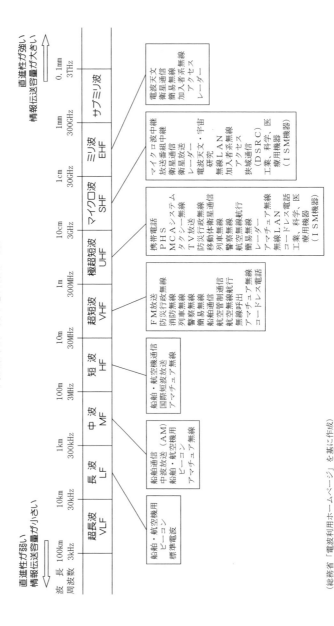

周波数帯別に見る電波利用の現状

	超長波 VLF	長波 LF	中波 MF	短波 HF	超短波 VHF	極超短波 UHF	マイクロ波 SHF	ミリ波 EHF	サブミリ波
波長	100km	10km	1km	100m	10m	1m	10cm	1cm	1mm 0.1mm
周波数	3kHz	30kHz	300kHz	3MHz	30MHz	300MHz	3GHz	30GHz	300GHz 3THz

直進性が弱い
情報伝送容量が小さい ←

直進性が強い
情報伝送容量が大きい →

超長波 VLF
船舶・航空機用
ビーコン
標準電波

長波 LF
船舶通信
中波放送（AM）
船舶・航空機用
ビーコン
アマチュア無線

短波 HF
船舶・航空機通信
国際短波放送
アマチュア無線

超短波 VHF
FM放送
防災行政無線
消防無線
列車無線
警察無線
簡易無線
船舶通信
航空管制通信
航空無線航行
無線呼出
アマチュア無線
コードレス電話

極超短波 UHF
携帯電話
PHS
MCAシステム
タクシー無線
TV放送
防災行政無線
移動体衛星通信
列車無線
警察無線
航空無線航行
簡易無線
レーダー
アマチュア無線
無線LAN
コードレス電話
工業、科学、
医療用機器
（ISM機器）

マイクロ波 SHF
マイクロ波中継
放送番組中継
衛星通信
衛星放送
レーダー
電波天文・宇宙
研究
無線LAN
加入者系無線
アクセス
狭帯域通信
（DSRC）
工業、科学、医
療用機器
（ISM機器）

ミリ波 EHF / サブミリ波
電波天文
衛星通信
簡易無線系無線
加入者系無線
アクセス
レーダー

（総務省「電波利用ホームページ」を基に作成）

平成24年1月20日　　初版第1刷発行
令和2年7月10日　　6版第1刷発行
令和3年7月15日　　6版第2刷発行

航空特殊無線技士

法　　規

（電略 トホコ）

発行　一般財団法人 情報通信振興会

〒170-8480　東京都豊島区駒込2-3-10
販売　電話　03（3940）3951
編集　電話　03（3940）8900
　　　　　URL　https://www.dsk.or.jp/
　　　　　振替口座　00100-9-19918
　　　　　印刷所　船舶印刷株式会社

ISBN978-4-8076-0919-2　C3055　¥1600E